技工教育和职业培训“十四五”规划教材

动力电池管理及维护

主　编 ◎ 蔡希贵

副主编 ◎ 施晓强　谢　名　杨　泽　程　宽

西南交通大学出版社

·成　都·

图书在版编目（C I P）数据

动力电池管理及维护 / 蔡希贵主编. —成都：西南交通大学出版社，2022.5（2024.8 重印）
ISBN 978-7-5643-8695-5

Ⅰ. ①动… Ⅱ. ①蔡… Ⅲ. ①电动汽车 – 电池 – 管理 – 中等专业学校 – 教材②电动汽车 – 电池 – 维修 – 中等专业学校 – 教材 Ⅳ. ①TM91

中国版本图书馆 CIP 数据核字（2022）第 085411 号

Dongli Dianchi Guanli ji Weihu
动力电池管理及维护

主编　蔡希贵

责任编辑　梁志敏
封面设计　墨创文化

出版发行　西南交通大学出版社
（四川省成都市金牛区二环路北一段 111 号
西南交通大学创新大厦 21 楼）
邮政编码　610031
发行部电话　028-87600564　028-87600533
网址　http://www.xnjdcbs.com
印刷　四川森林印务有限责任公司

成品尺寸　185 mm × 260 mm
印张　13
字数　294 千
版次　2022 年 5 月第 1 版
印次　2024 年 8 月第 2 次
定价　39.00 元
书号　ISBN 978-7-5643-8695-5

课件咨询电话：028-81435775
图书如有印装质量问题　本社负责退换

前言

PREFACE

随着我国汽车产业的不断发展，汽车与能源、汽车与交通、汽车与环保、汽车与城市化等问题日益突出，国家和企业也越来越关注新能源汽车。发展新能源汽车还承载着我国汽车行业实现弯道超车的梦想，大力发展新能源汽车已成为我国汽车产业的主要趋势。

目前，我国新能源汽车在国内和国际市场上占有的比重越来越大，其中以北汽和比亚迪为代表的新能源汽车生产企业已经在国内外新能源汽车市场中取得了优异的成绩。在国家的大力支持下，个人购买电动汽车的数量急剧增加，新能源汽车市场对技能人才的需求量不断扩大。为此，我们组织教师成立了课程开发小组，深入企业一线广泛调研，结合新能源汽车维修企业岗位的实际需求，借鉴和参考了国内外新能源汽车方面的研究成果，形成以典型工作任务为基础，以工作过程为主线，以任务驱动为形式的专业课程开发模式，编写了本教材。

本书的学习任务和任务导入情景都来源于企业一线的真实案例，选取了市场上几款颇具代表性的主流电动汽车：北汽 EV160 和比亚迪 e5 的动力电池组为参考，按照新能源汽车维修职业岗位必需的技能和知识设定了六个学习项目：新能源汽车动力电池认识、新能源汽车动力电池管理系统、新能源汽车动力电池安全保护、新能源汽车动力电池热管理系统、新能源汽车动力电池拆装与维护、电动汽车充电系统认识。本书对新能源汽车的动力电池构造与维修进行了全方位的阐述。

本书引用“互联网＋汽车专业”思维创新模式，在书中融合了大量的图片，在关键知识点上整合了移动多媒体技术设置知识链接的二维码。使用者通过手机进行二维码扫描便可随时随地地学习和教材相关的知识，对提升读者学习兴趣和加深知识的理解具有很大的帮助。

本书由武汉市交通学校组织编写，上海景格科技股份有限公司提供技术支持。

由于编者水平和经验有限，书中难免会存在不足和疏漏之处。为了进一步提高本书的质量，欢迎广大读者和专家对我们的工作提出宝贵的意见和建议。

编　者

2022 年 3 月

扫码看数字资源

目录
CONTENT

项目 1 新能源汽车动力电池认识

概 述

随着电动汽车的大力发展，市面上的电动汽车越来越多，虽然其种类、型号有所不同，但其采用的动力电池总体架构和工作原理大致相似。在仅装备蓄电池的纯电动汽车中，蓄电池的作用是汽车驱动系统的唯一动力源，动力电池性能的好坏也是衡量一辆电动汽车性能的指标之一，而动力电池的容量大小也是电动汽车续航能力的重要因素之一。本项目将从动力电池的分类及性能参数开始进入学习，使学生对电动汽车动力电池有一个较为全面的认识，为学好后续内容做好铺垫。

学习任务 1.1　动力电池分类及性能参数

学习目标

1. 掌握动力电池的类型。
2. 了解动力电池基本结构。
3. 掌握动力电池主要技术参数。

一、动力电池的定义

电池、电机和电控系统是新能源汽车的三大关键组成部分。其中，动力电池是最关键的一环，可以说动力电池是新能源汽车的“心脏”。对于动力电池，目前仍无统一的定义。动力电池的名称刚开始应用于潜艇等动力机械领域，一直沿袭下来，目前习惯将用于电动汽车的电池称为“动力电池”。GB/T 19596—2017 中动力蓄电池的定义为：为电动汽车动力系统提供能量的蓄电池。因为电池厂家生产的电池不仅仅用于电动汽车，其他如电动自行车、备用电源、储能电站等均可能采用同一类型的电池，所以也把其称为动力电池。综上，动力电池即为工具提供动力来源的电源，多指为电动汽车、电动列车、电动自行车、高尔夫球车提供动力的蓄电池。在 GB/T 18384.1—2001 中动力电池的定义为：能够给动力电路提供能量的所有电气相连的蓄电池包的总称。本书中的动力电池主要指电动汽车用电池。

二、动力电池的分类

电池从广义上讲主要可分为化学电池、物理电池和生物电池三大类，其中化学电池和物理电池已经应用于量产电动汽车中，而生物电池则被视为未来电动车电池的重要发展方向之一（见图 1-1-1）。

- 动力电池
  - 化学电池
    - 铅酸蓄电池
    - 镍氢蓄电池
    - 锂蓄电池
    - …
  - 物理电池
    - 飞轮电池
    - 超级电容
    - …
  - 生物电池
    - 微生物电池
    - 酶电池
    - 生物太阳能电池
    - …

图 1-1-1　动力电池分类

无论何种类型的蓄电池，其性能参数都是相同的几项，根据其主要特性参数来划分类型是比较科学的。例如，按照电池的放电倍率进行划分，电池分为低倍率（3C 以下）、中倍率（3C ~ 7C）、高倍率（7C 以上）以及超高倍率几种。

（一）化学电池

化学电池是将化学能直接转变为电能的装置，主要部分是电解质溶液，浸在溶液中的正、负电极，以及连接电极的导线（见图 1-1-2）。

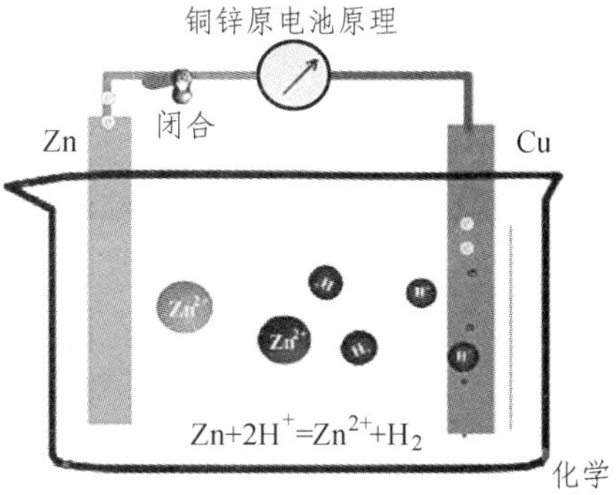

图 1-1-2　化学电池工作原理

在化学电池中，根据能否用充电方式恢复电池存储电能的特性，可以分为一次电池（也称原电池）和二次电池（又名蓄电池，俗称可充电电池，可以多次重复使用）两大类（见表 1-1-1）。一次电池又可分为普通锌锰（中性锌锰）、碱性锌锰、锌汞、锌空、镁锰和锌银六个系列；二次电池主要有镍镉电池、镍氢电池、锂离子电池、碱锰充电电池和铅蓄电池等类型。在数码设备中，常用的电池类型是干电池（包括碱性电池）、镍镉电池、镍氢电池和锂离子电池等。图 1-1-3 所示为比亚迪生产的磷酸锂电池，图 1-1-4 所示为丰田燃料电池模型。

表 1-1-1

化学电池	一次电池	二次电池	燃料电池
定义	电池中的反应物质进行一次氧化还原反应并放电之后就不能再次利用	又称充电电池或蓄电池，在放电后经充电可使电池中的活性物质获得重生，恢复工作能力，可以多次重复使用	是一种连续地将燃料和氧化剂的化学能直接变成电能的化学电源，又称连续电池
应用实例	干电池：电池中的电解质溶液制成的胶体，不流动，故称干电池，如普通锌锰电池、碱性锌锰电池、锌银纽扣电池	铅蓄电池、锌银蓄电池、镍镉电池、锂离子电池	氢气、甲醇、天然气、煤气与氧气组成燃料电池

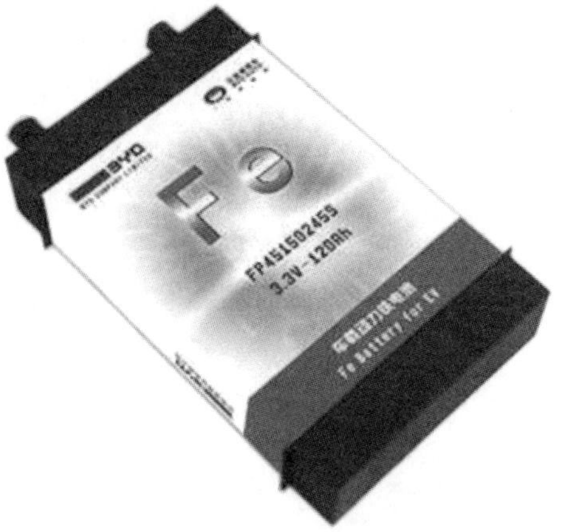

图 1-1-3　比亚迪生产的磷酸铁力电池

图 1-1-4　丰田燃料电池模型

1. 一次电池（干电池）

一次电池是指放电后不能用充电的方法使它复原的电池。图 1-1-5 所示为常见的一次电池。这种类型的电池只能使用一次，放电后电池只能被遗弃。这类电池不能再充电的原因，或是电池反应本身不可逆，或是条件限制使可逆反应很难进行，如锌干电池、锌汞电池、银锌电池等。

图 1-1-5　一次电池

2. 二次电池（蓄电池）

二次电池是指放电后又可用充电的方法使活性物质复原而再次放电，且可反复多次循环使用的电池。这类电池实际上是一个化学能量储存装置，用直流电将电池充足，这时电能以化学能的形式储存在电池中，放电时化学能再转换为电能，如铅酸电池、镍镉电池、镍氢电池、锂离子电池、锌空气电池等。

1）铅酸电池

铅酸电池（lead-acid battery）指电极主要由铅及其氧化物制成，电解液是硫酸溶液的一种蓄电池（见图 1-1-6）。放电状态下，其正极主要成分为二氧化铅，负极主要成分为铅；充电状态下，正负极的主要成分均为硫酸铅。铅酸电池分为排气式蓄电池和免维护铅酸电池。

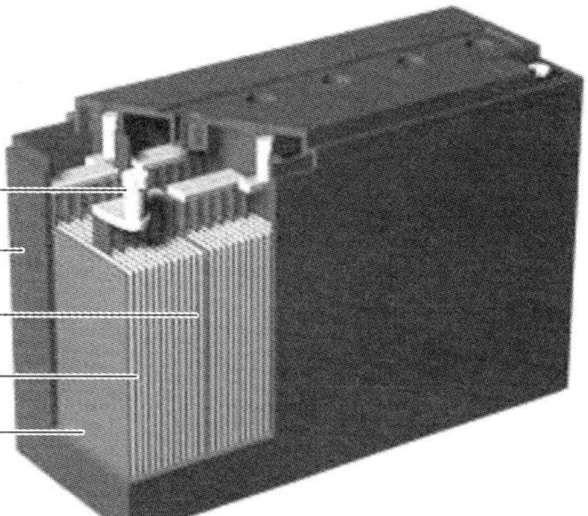

图 1-1-6　铅酸电池结构

电池主要由管式正极板、负极板、电解液、隔板、电池槽、电池盖、极柱、注液盖等组成。排气式蓄电池的电极是由铅和铅的氧化物构成，电解液是硫酸的水溶液。其主要优点是电压稳定、价格便宜；缺点是比能低（即每公斤蓄电池存储的电能）、使用寿命短和日常维护频繁。老式普通蓄电池一般寿命在 2 年左右，而且需定期检查电解液的高度并添加蒸馏水。不过随着科技的发展，铅酸蓄电池的寿命逐渐变得更长而且维护也更简单了。

铅酸蓄电池最明显的特征是其顶部有可拧开的塑料密封盖，上面还有通气孔。这些注液盖是用来加注纯水、检查电解液和排放气体的。理论上讲，铅酸蓄电池需要在每次保养时检查电解液的密度和液面高度，随时添加蒸馏水。而随着蓄电池制造技术的升级，铅酸蓄电池发展为铅酸免维护蓄电池和胶体免维护电池（见图 1-1-7），即铅酸蓄电池使用中无需添加电解液或蒸馏水。它主要是利用正极产生氧气可在负极吸收达到氧循环，以防止水分减少。铅酸蓄电池大多应用于牵引车、三轮车、汽车启动等；免维护铅酸蓄电池应用范围更广，包括不间断电源、电动车动力、电动自行车电池等。铅酸蓄电池根据应用需要分为恒流放电（如不间断电源）和瞬间放电（如汽车启动电池）。

图 1-1-7　汽车使用的免维护铅酸电池

铅酸电池的充放电反应如下：

充电：$2PbSO_4 + 2H_2O = PbO_2 + Pb + 2H_2SO_4$（电解池）

放电：$PbO_2 + Pb + 2H_2SO_4 = 2PbSO_4 + 2H_2O$（原电池）

阳极：$PbSO_4 + 2H_2O - 2e^- = PbO_2 + 4H^+ + SO_4^{2-}$

阴极：$PbSO_4 + 2e^- = Pb + SO_4^{2-}$

负极：$Pb + SO_4^{2-} - 2e = PbSO_4$

正极：$PbO_2 + 4H^+ + SO_4^{2-} + 2e^- = PbSO_4 + 2H_2O$

2）镍氢电池

镍氢电池是由氢离子和金属镍合成，电量储备比镍镉电池多 30%，比镍镉电池更轻，使用寿命也更长，并且对环境无污染。镍氢电池的缺点是价格比镍镉电池贵，性能比锂电池差。目前镍氢电池主要应用于混合动力电动汽车。图 1-1-8 所示为镍氢电池的反应原理。

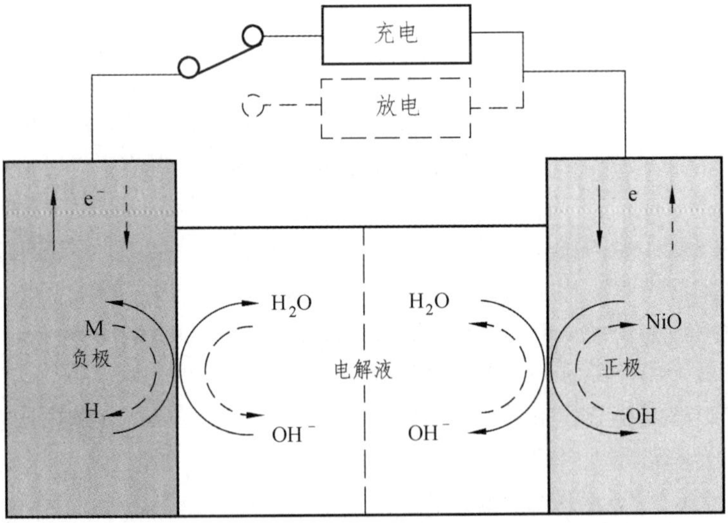

图 1-1-8　镍氢电池的反应原理

镍氢电池的充放电反应如下：

正极：$Ni(OH)_2 + OH^- \xlongequal{} NiOOH + H_2O + e^-$

负极：$M + H_2O + e^- \xlongequal{} MHab + OH^-$

总反应：$Ni(OH)_2 + M \xlongequal{} NiOOH + MH$

其中，M 表示储氢合金，Hab 表示合金中储存的氢。在实际电池中，正极和负极的反应生成物并不像反应式中那么简单，充电时，在正极氧化镍 Ni（OH）被氧化生成羟基氧化镍 NiOOH 和水。另一方面水在负极被还原，在储氢合金吸收发生反应，生成金属氢化物。放电反应则与之相反。

镍镉蓄电池的电池反应不同，在镍氢电池中，充电时氢从正极向负极移动，放电时向反方向移动，其间并不伴随着电解液总量和浓度的增减。电解液中的 OH^- 虽然参与正极和负极的反应，但在电池反应中 OH^- 并没有增减。

3）锂离子电池

锂离子电池是 Li^+ 在正、负极之间反复进行脱出和嵌入的一种高能二次电池，其通常由负极（多为碳材料）、正极（多为过渡金属氧化物，如 $LiCoO_2$）、电解液、隔膜组成（见图 1-1-9）。

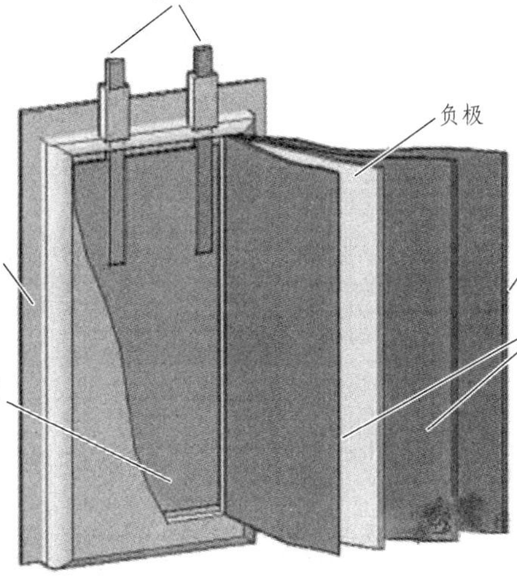

图 1-1-9　锂离子电池结构

锂电池的工作原理：在电池充电时，Li^+ 从正极脱出，经过电解质嵌入负极；电池放电时，Li^+ 则从负极脱出，经过电解质再嵌回正极。电池的充放电过程实际上是 Li^+ 在两电极之间来回嵌入和脱出的过程，故锂离子电池也称为“摇椅式电池”。由于锂离子在正负极中有相对固定的空间和位置，因此锂离子电池充放电反应的可逆性很好。图 1-1-10 所示为锂离子电池的工作原理。

以 $LiCoO_2/C$ 为例，其电极反应为：

$$LiCoO_2 + C \rightarrow Li_{(1-x)}CoO_2 + CLi_x$$

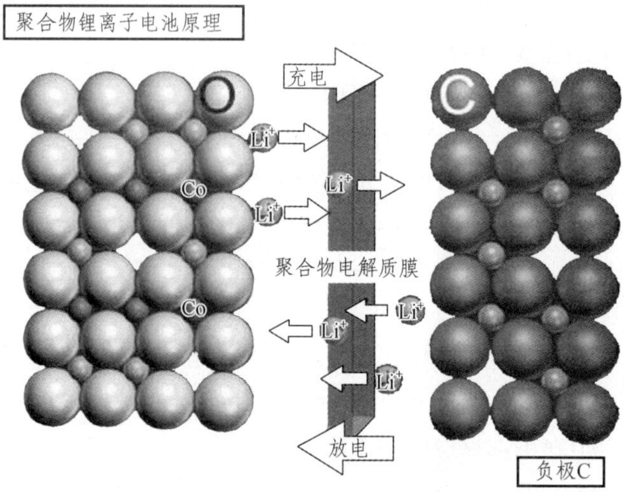

图 1-1-10　锂离子电池工作原理

锂电池主要分为两类：锂金属电池和锂离子电池。

A. 锂金属电池

锂金属电池一般是使用二氧化锰为正极材料，金属锂或其合金金属为负极材料，使用非水电解质溶液的电池。

B. 锂离子电池

锂离子电池一般是使用锂合金金属氧化物为正极材料，石墨为负极材料，使用非水电解质的电池（见图 1-1-11）。

图 1-1-11　型号为 18650 锂离子电池

虽然锂金属电池的能量密度高，理论上能达到 3860 W/kg，但是由于其性质不够稳定而且不能充电，所以无法作为反复使用的动力电池。而锂离子电池由于具有反复充电的能力，被作为主要的动力电池发展。另一方面，由于锂离子配合不同的元素组成的正极材料在各方面性能差异很大，导致业内对正极材料路线的纷争加大。

通常我们应用最多的锂离子电池主要有磷酸铁锂电池、锰酸锂电池、钴酸锂电池以及三元锂电池（三元镍钴锰）。

a. 三元锂（Li_2FePO_4F）

优点：能量密度高、振实密度（体积密度）高。

缺点：安全性差、耐高温性差、寿命差、大功率放电差、元素有毒（三元锂电池大功率充放电后温度急剧升高，高温后释放氧气极容易燃烧）。

图 1-1-12 所示为由三元锂组成的动力电池包。

图 1-1-12　由三元锂组成的动力电池包

b. 磷酸铁锂（$LiFePO_4$）

优点：寿命长、充放电倍率大、安全性好、高温性好、元素无害、成本低。

缺点：能量密度低、振实密度低。

图 1-1-13 所示为磷酸铁锂电池组。

图 1-1-13　磷酸铁锂电池组

c. 锰酸锂（$Li_2Mn_2O_4$）

优点：振实密度高、成本低。

缺点：耐高温性差，锰酸锂长时间使用后温度急剧升高，电池寿命衰减严重（如日产电动车 LEAF）。

图 1-1-14 所示为锰酸锂与磷酸铁锂的性能比较。

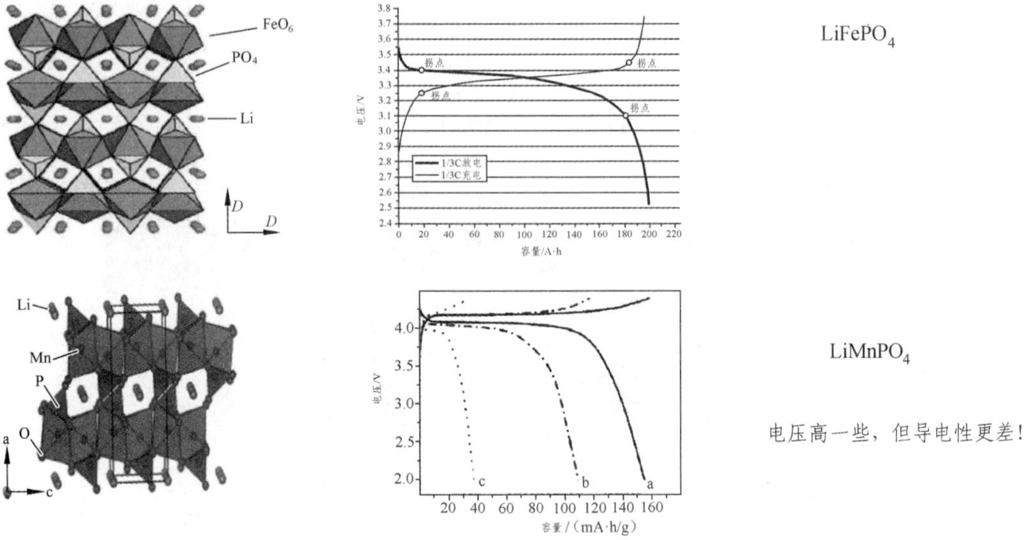

图 1-1-14　锰酸锂与磷酸铁锂性能比较

d. 钴酸锂（$LiCoO_2$）

钴酸锂通常用于 3C 产品，安全性极差，不适合做动力电池（见图 1-1-15）。

图 1-1-15　钴酸锂电池

理论上，我们需要的电池应该是能量密度高、体积密度大、安全性好、耐高温低温、循环寿命长、无毒无害、可大功率充放电，聚所有优点为一体且低成本。但目前并不存在这样的电池。那么，就需要在不同种类电池的优缺点中进行取舍。不同的电动车对电池的需求点是不同的，因此只有立足于长远，对电动汽车作出准确判断，才能有利于我们正确选择电池路线。不同锂离子电池的对照如表 1-1-2 和表 1-1-3 所示。

表 1-1-2　锂离子电池参数对照表（一）

正极材料	平均输出电压/V	能量密度/（mA·h/g）
$LiCoO_2$	3.7	140
$Li_2Mn_2O_4$	4.0	100
$LiFePO_4$	3.3	130
Li_2FePO_4F	3.6	115

表 1-1-3　铝离子电池参数对照表（二）

正极材料	钴酸锂*	镍钴锰三元材料	锰酸锂	磷酸铁锂*
材料结构	层状氧化物	层状氧化物	尖晶石	橄榄石
振实密度/（g/cm^3）	2.8 ~ 3.0	2.0 ~ 2.3	2.2 ~ 2.5	1.0 ~ 1.4
比表面积/（m^2/g）	0.4 ~ 0.6	0.2 ~ 0.4	0.4 ~ 0.8	12 ~ 20
克容量/（mA·h/g）	135 ~ 145	155 ~ 190	100 ~ 120	130 ~ 150
电压平台/V	3.6	3.5 ~ 3.6	3.7 ~ 3.9	3.2 ~ 3.3
循环次数	≥300	≥800	≥500	≥2000
过渡金属	贫乏	贫乏	丰富	非常丰富
原料成本/（USD/g）	很高（26 ~ 50）	高（22 ~ 40）	低廉（15 ~ 28）	低廉（15 ~ 28）
环保	含钴	含镍、钴	无毒	无毒
安全性能	差，稳定性低	较好	良好	优秀
合成困难度	容易	难	难	中等
温度耐受性	尚可，−20 ~ 55 °C 以外会衰退	尚可，−20 ~ 55 °C 以外会衰退	差，高于 50 °C 迅速衰退	极佳，−40 ~ 70 °C 仍正常使用
适用领域	小电池	小电池/小型动力电池	动力电池	动力电池/超大容量电池
缺点	1. 材料成本高 2. 安全性低	安全性待加强	1. 高温自放电 2. 循环寿命短	1. 导电度差 2. 体积大

3. 燃料电池

燃料电池是一种将燃料和氧化剂的化学能通过电极反应直接转换为电能的装置，是继水力、火力和核能发电之后的第四类发电技术。图 1-1-16 所示为燃料电池基本结构示意图。

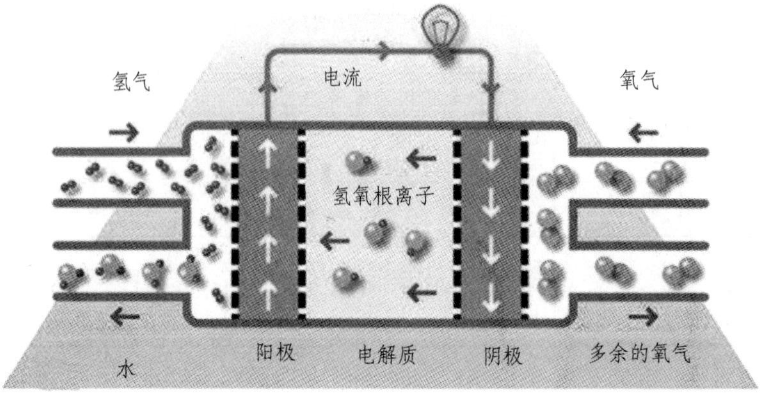

图 1-1-16　燃料电池基本结构示意图

燃料电池两极发生电化学反应，其中阳极进行燃料的氧化过程，阴极进行氧化剂的还原过程，导电离子在将阳极、阴极分开的电解质内迁移，电子通过外电路做功并构成电的回路，从而将化学能转化为电能。

1）燃料电池的分类

（1）按电解质分类：磷酸燃料电池、熔融碳酸盐燃料电池、固体氧化物燃料电池、碱性燃料电池、质子交换膜燃料电池、直接甲醇燃料电池。

（2）按温度分类：低温、中温、高温。

（3）按燃料分类：直接型、间接型、再生型。

（4）按应用方式分类：固定型、便携型、移动型和其他类型。

2）燃料电池的特点

能量转换效率高，环境友好，使用寿命长，燃料多样，比能量高，操作方便可靠，灵活性大。

3）燃料电池的应用

（1）汽车、电动汽车。

（2）通信、电力系统。

（3）航天领域、军事领域。

4）燃料电池工作原理

燃料电池由阳极、阴极和离子导电的电解质构成，其工作原理与普通电化学电池类似，燃料在阳极氧化，氧化剂在阴极还原，电子从阳极通过负载流向阴极构成电回路，产生电流。图 1-1-17 所示为燃料电池的工作原理示意图，其中，燃料为氢气，氧化剂为氧气。

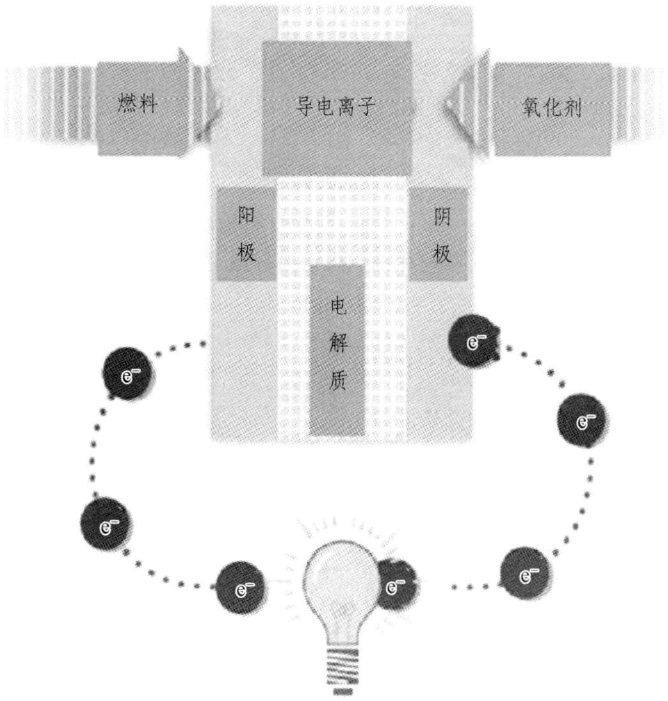

图 1-1-17　燃料电池工作原理示意图

（二）物理电池

物理电池顾名思义，就是依靠物理变化来提供、储存电能的电池统称，如超级电容、飞轮电池等都属于物理电池。

1. 超级电容

超级电容是一种介于传统电容与电池之间的电源元件，其主要依靠双电层和氧化还原假电容电荷储存电能，期间不发生化学反应，因此被归为物理电池的范畴（见图 1-1-18）。与之前所介绍的化学电池相比，超级电容有三大明显优势：① 其反复充放电次数可达数十万次（传统化学电池只有几百至几千次），寿命上要比化学电池高出很多；② 超级电容在充放电时的功率密度极高，瞬间可放出大量电能，可满足车辆更加宽泛的电力需求；③ 工作环境适应能力更佳，通常室外温度为 – 40 ~ 65 °C 时，其都能稳定正常工作（传统电池一般工作范围为 – 20 ~ 60 °C）。

能量密度低是制约超级电容发展的首要瓶颈，因此，目前其主要应用于车辆启动系统、军事及少量公交车辆。超级电容电池充电时间非常短，仅需几十秒，续航里程仅能维持 3 ~ 5 km。图 1-1-19 所示为超级电容公交车。

图 1-1-18　超级电容电池

图 1-1-19　超级电容公交车

2. 飞轮电池

飞轮电池是 20 世纪 90 年代提出的一种新概念电池，也属于物理电池的一种。简单来说，就是利用类似飞轮转动时产生能量的原理来实现自身充放电（见图 1-1-20、图 1-1-21）。2010 年 10 月，美国勒芒系列赛最后一轮中，保时捷 911GT3 混合动力赛车首次正式使用飞轮电池技术，这便是鼎鼎大名的保时捷 918Spyder 的前身。不过这两款车型的飞轮电池均仅作辅助能源使用，其功能类似于我们常见的制动能量回收系统。即便如此，我们依然有理由相信，随着技术的不断发展及价格进一步降低，飞轮电池的应用前景将十分广阔。

图 1-1-20　飞轮电池

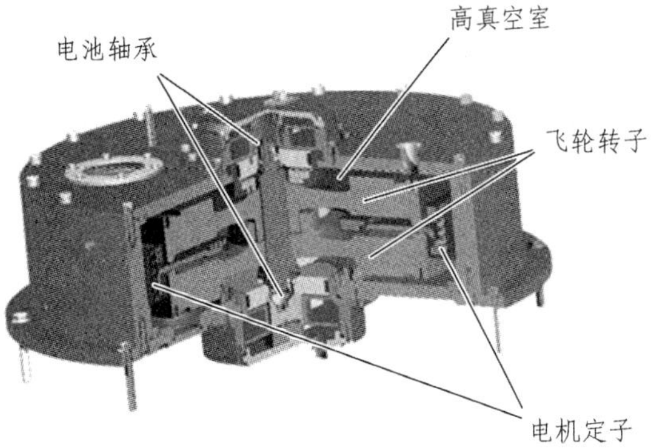

图 1-1-21　飞轮电池内部结构图

（三）生物电池

生物电池（bio-fuel cells）是指将生物质能直接转化为电能的装置（生物质蕴涵的能量绝大部分来自于太阳能，是绿色植物和光合细菌通过光合作用转化而来的）。图 1-1-22 所示为生物电池的工作过程，图 1-1-23 所示为用柠檬做成的简易生物电池。

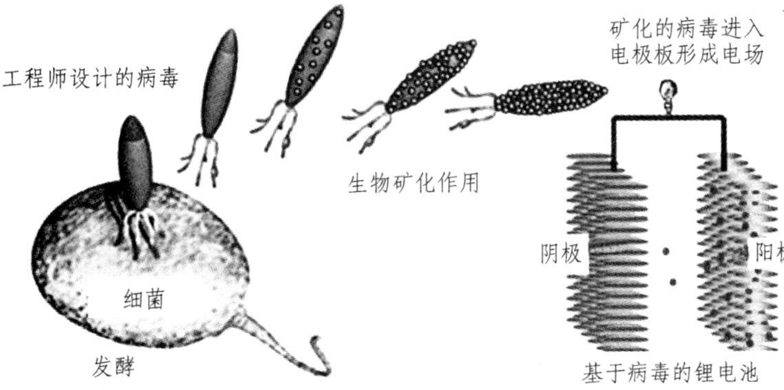

图 1-1-22　生物电池

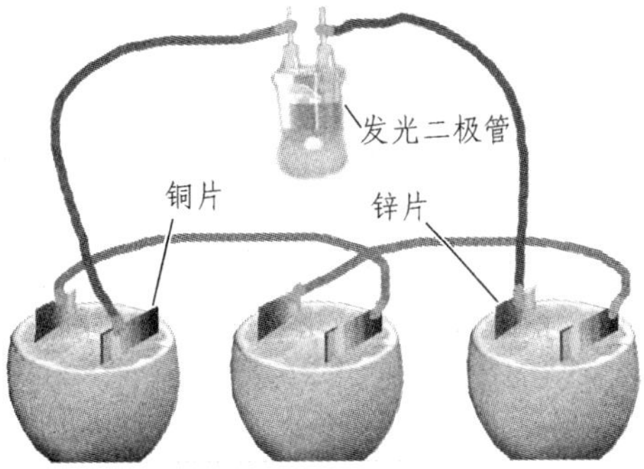

图 1-1-23　柠檬电池

1. 生物电池分类

1）微生物电池

微生物电池由阳极室和阴极室组成，由一个质子交换膜将两极室分开。基本反应类型分为四步：

（1）在微生物的作用下，燃料发生氧化反应，同时释放出电子。

（2）介体捕获电子并将其运送至阳极。

（3）电子经外电路抵达阴极，质子通过质子交换膜由阳极室进入阴极室。

（4）氧气在阳极接收电子，发生氧化还原反应。

微生物电池工作原理：有机物作为燃料在厌氧的阳极室中被微生物氧化，产生的电子被微生物捕获并传递给电池阳极，电子通过外电路到达阴极，从而形成回路产生电流，而质子通过质子交换膜到达阴极，与电子受体（氧气）反应生成水。其阳极和阴极反应如图 1-1-24 所示。

阳极反应：$C_6H_{12}O_6 + 6H_2O \rightarrow 6CO_2 + 24H^+ + 24e$

阴极反应：$6O_2 + 24H^+ + 24e^- \rightarrow 12H_2O$

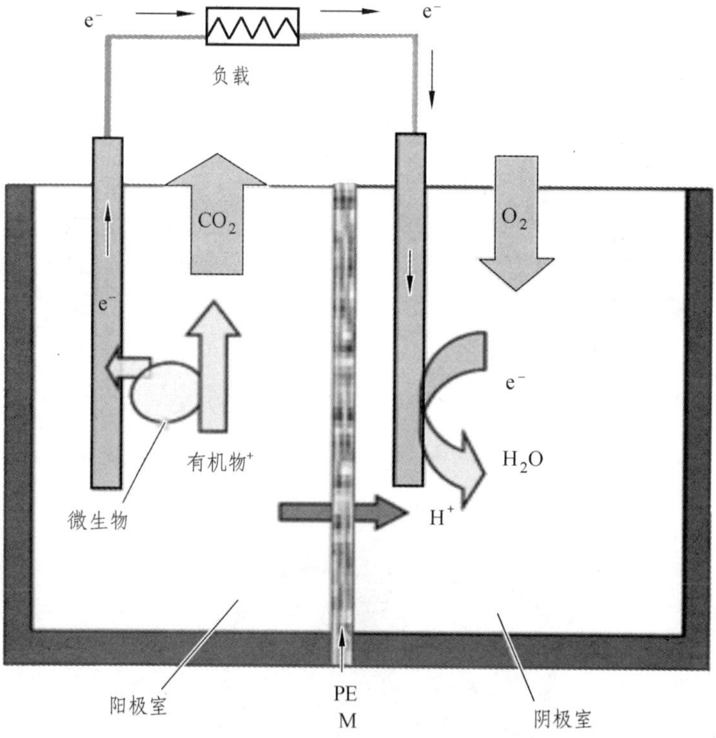

图 1-1-24　微生物电池工作原理

2）酶电池

酶电池通常使用葡萄糖作为反应原料，反应原理如下：

葡萄糖在葡萄糖氧化酶（GO_x）和辅酶的作用下失去电子被氧化成葡萄糖酸，电子由介体运送至阳极，再经外电路到阴极，双氧水得到电子，并在氧化酶的作用下还原成水。

阳极反应：葡萄糖→葡萄糖酸 + $2H^+$ + $2e^-$

阴极反应：$H_2O_2 + 2H^+ + 2e^- \rightarrow 2H_2O$

普遍使用的以葡萄糖为燃料的酶电池是模仿线粒体的反应机构而制成的，线粒体是以葡萄糖为燃料的酶电池的理想模型。

2. 生物电池的特点

生物电池具有体积小、无污染、寿命长、可在常温下使用等特点。但受技术条件的制约，生物燃料电池的研究和使用还处于不成熟阶段，相对于同样大小的锂电池或干电池，生物电池所产生的电能过低，导致生物燃料电池的使用范围非常狭小，远没有达到大面积推广的阶段。

三、动力电池电芯的结构

动力电池的电芯结构形状分为圆柱电芯、方形电芯和软包三种，各自的优、缺点十分明显。在一定程度上，电芯的性能决定了电池模组的性能进而影响整个动力电池系统的性能。因此在进行动力电池系统设计时，一定要根据整车的设计要求选择电芯的材料及形状。

（一）圆柱形电池

圆柱型电池工艺成熟度高、生产效率高、过程控制严格，成品率及产品一致性都较其他结构电池高；且壳体结构成熟，成本低。目前主要为 18650（直径 18 mm，长度 65 mm）和 26650（直径 26 mm，长度 65 mm）两种型号，应用于笔记本电脑和特斯拉动力电池等。图 1-1-25 所示为圆柱形 18650 电池。

图 1-1-25　圆柱形 18650 电池

圆柱形电池存在的问题：极片过长，卷绕方向上集流体电流密度分布不均匀，造成内部各部分反应程度不一致；直径过大，电芯内部产生的热量很难得到快速释放，内部的热量累积，给电池的安全性能和循环性能带来不良影响（见图 1-1-26）。

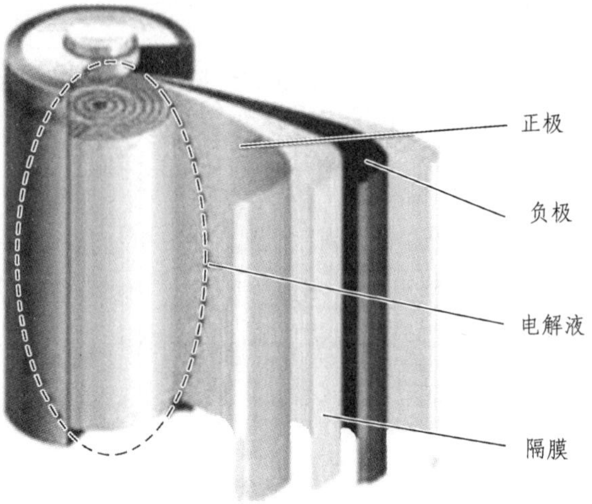

图 1-1-26　圆柱形 1860 电池构造

（二）方形硬壳电池

方形硬壳电池壳体的材质目前可分为塑料、不锈钢材质、铝金属材质等，内部电芯的结构可分为卷绕式和叠片式（见图 1-1-27）。

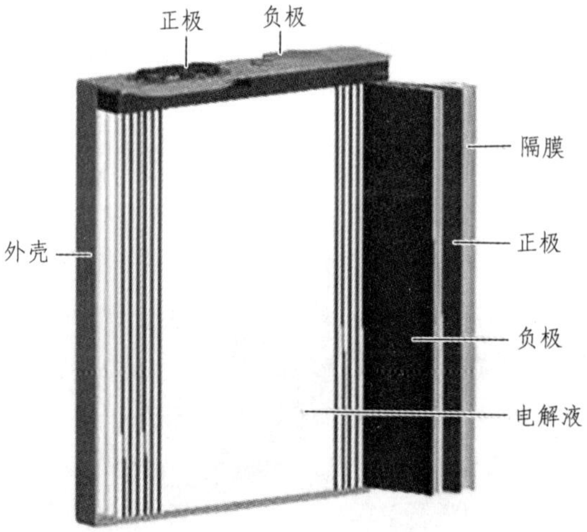

图 1-1-27　方形硬壳电池

壳体对电芯的保护作用要高于铝塑复合膜材质，可以通过减少单体电池的厚度保证内部热量的快速传导，电芯的安全性能较圆柱形电池有较大的改善；电芯成组简单，连接简单可靠。

其存在的问题是壳体在电芯总重中所占的比重较大，导致单体电池的能量密度较低；内部结构复杂，自动化工艺成熟度低，结构和工艺水平对电芯的性能影响较大；电芯的成品率和一致性较低，生产效率低，电芯尺寸没有统一标准。

（三）方形软壳电池

方形软壳电池的外部结构对电芯的影响小，电芯性能优良；封装材质质量小，电池的能量密度最高；工艺成熟度高，适合自动化大批量生产（见图 1-1-28）。

铝塑复合封装膜机械强度低，电池内部产气会造成电池鼓胀，使性能严重恶化；同时，铝塑复合膜的寿命也制约了电池的使用寿命。

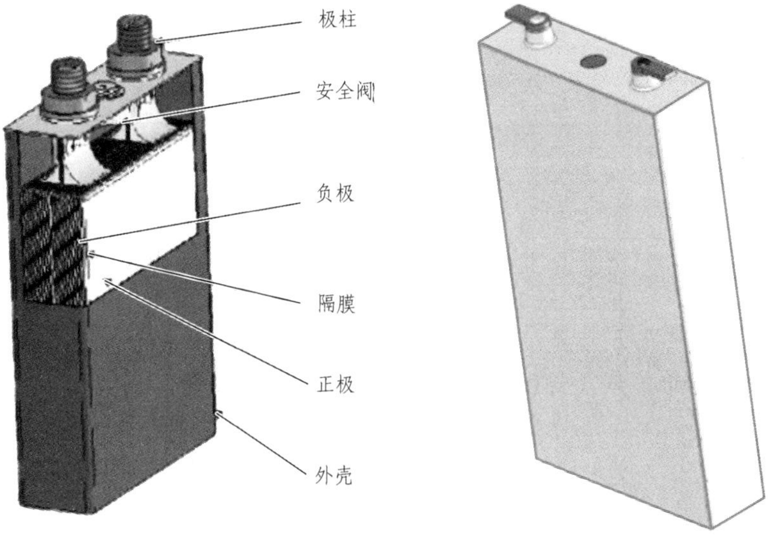

图 1-1-28 方型软壳电池

四、电动汽车电池的性能参数

化学电池品种繁多，性能各异。常用表征其性能的指标有电性能、机械性能、储存性能等，有时还包括使用性能和经济成本。我们主要介绍其电性能和储存性能。电性能包括电动势、额定电压、开路电压、工作电压、终止电压、充电电压、内阻、容量、比能量和比功率等；储存性能主要取决于电池的自放电大小。

（一）电动势

电池的电动势，又称电池标准电压或理论电压，近似为电池外部电路开路时正负两极间的电位差。电池的电动势可以从电池体系热力学函数自由能的变化计算得到（见图 1-1-29）。

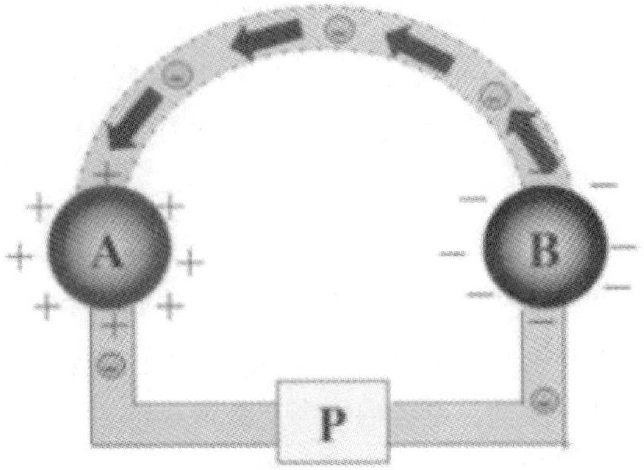

图 1-1-29　电动势示意图

（二）额定电压

额定电压（公称电压），是指该电化学体系的电池工作时公认的标准电压。例如，锌锰电池的额定电压为 1.5 V，镍镉电池为 1.2 V，铅酸蓄电池为 2 V，三元锂离子电池为 3.6 V（见图 1-1-30）。

图 1-1-30　三元锂离子电池

（三）开路电压

电池的开路电压是指无负荷情况下的电池电压。开路电压不等于电池的电动势。必须指出，电池的电动势是从热力学函数计算得到的，而电池的开路电压则是实际测量出来的。图 1-1-31 所示为电池开路电压示意图。

（四）工作电压

工作电压是指电池在某负载下实际的放电电压，通常是一个电压范围。例如，铅酸蓄电池的工作电压为 1.8 ~ 2 V，镍氢电池的工作电压为 1.1 ~ 1.5 V；锂离子电池的工作电压为 2.75 ~ 3.6 V。从图 1-1-32 所示的锂离子电池放电曲线中可以分析出放电量与电压下降的关系。

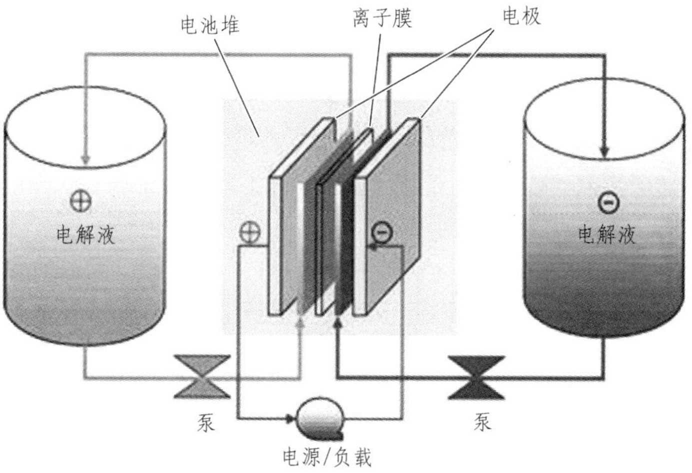

图 1-1-31　电池开路电压示意图

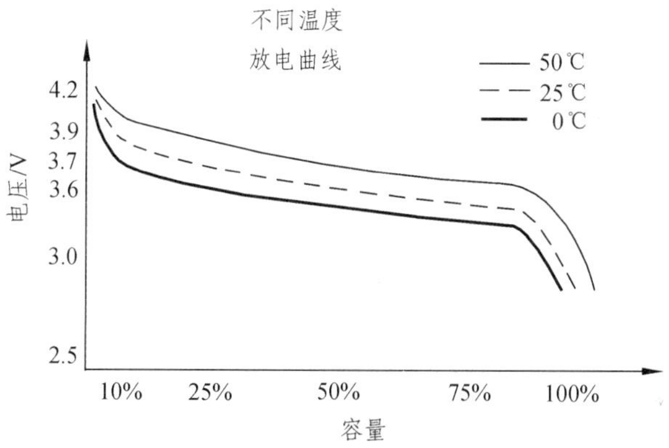

图 1-1-32　锂离子电池放电曲线

（五）终止电压

终止电压是指放电终止时的电压值，视负载和使用要求不同而异。以铅酸蓄电池为例：电动势为 2.1 V，额定电压为 2 V，开路电压接近 2.15 V，工作电压为 1.8 ~ 2 V，放电终止电压为 1.5 ~ 1.8 V（放电终止电压根据放电率的不同，其终止电压也不同）。

（六）充电电压

充电电压是指外电路直流电压对电池充电的电压。一般的充电电压要大于电池的开路电压，通常在一定的范围内。例如，镍镉电池的充电压为 1.45 ~ 1.5 V，三元锂离子电池的充电压为 4.1 ~ 4.2 V（见图 1-1-33），铅酸蓄电池的充电压为 2.25 ~ 2.5 V。

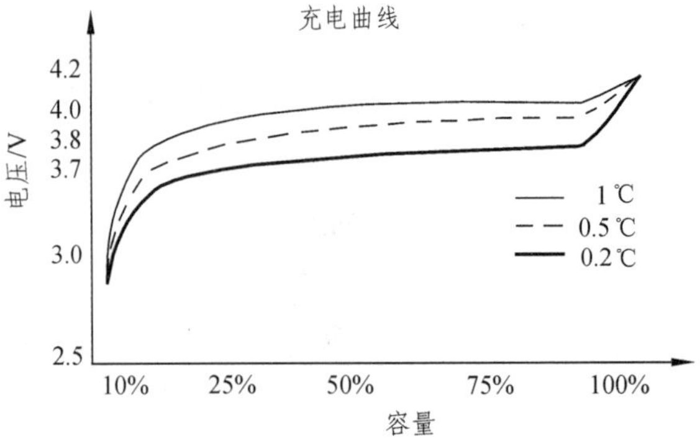

图 1-1-33　锂离子电池充电曲线

（七）内　阻

蓄电池的内阻包括正负极板的电阻、电解液的电阻、隔板的电阻和连接体的电阻等。图 1-1-34 所示为蓄电池的内阻产生的成因。

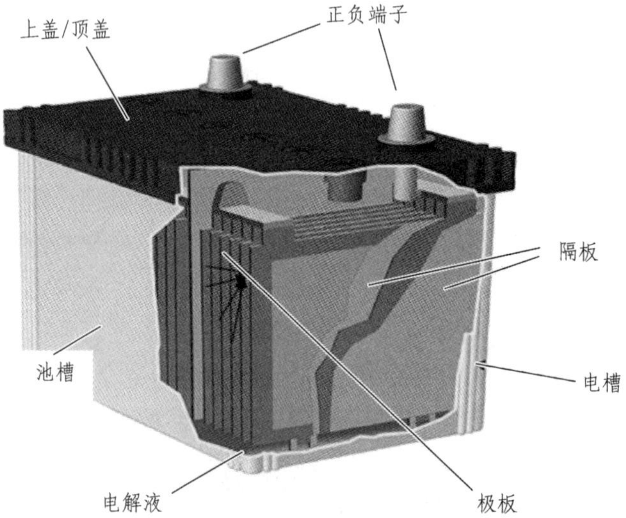

图 1-1-34　蓄电池内阻产生的成因

1. 正负极板电阻

目前普遍使用的铅酸蓄电池正、负极板为涂膏式，由铅锑合金或铅钙合金板栅架以及活性物质两部分构成。因此，极板电阻也由板栅电阻和活性物质电阻组成。板栅在活性物质内层，充放电时，不会发生化学变化，所以它的电阻是板栅的固有电阻。活性物质的电阻是随着电池充放电状态的不同而变化的。

当电池放电时，极板的活性物质转变为硫酸铅（$PbSO_4$），硫酸铅含量越大，其电阻越大。而电池充电时将硫酸铅还原为铅（Pb），硫酸铅含量越小，其电阻越小。

2. 电解液电阻

电解液的电阻视其浓度不同而不同。在规定的浓度范围内，一旦选定某一浓度后，电解液电阻将随充放电程度而变。电池充电时，在极板活性物质还原的同时电解液浓度增加，其电阻下降；电池放电时，在极板活性物质硫酸化的同时电解液浓度下降，其电阻增加。

3. 隔板电阻

隔板的电阻视其孔率而异，新电池的隔板电阻趋于一个固定值，但随着电池运行时间的延长，其电阻有所增加。因为，电池在运行过程中有一些铅渣和其他沉积物在隔板上，使得隔板孔率有所下降而增加了电阻。

4. 连接体电阻

连接体电阻包括单体电池串联时连接条等金属的固有电阻、电池极板间的连接电阻，以及正、负极板组成极群的连接体的金属电阻。若焊接和连接接触良好，连接体电阻可视为一固定电阻。

每只电池所呈现的内阻就是上述物体电阻的总和。电池内阻 R 与电动势、端电压及放电电流的关系：

$$R_{\rm s}=(E-U_{\rm f})\div I_{\rm f}$$

电池的内阻在放电过程中会逐渐增加，而在充电过程中则逐渐减小。因此，电池在充放电过程中，端电压也会因其内阻的变化而变动。故端电压在放电时低于电池的电动势，充电时又高于电池的电动势。

（八）容　量

电池的容量单位为库仑（C）或安时（A · h）。表征电池容量特性的专用术语有 3 个：理论容量、额定容量、实际容量。图 1-1-35 所示为电池容量显示形式。

图 1-1-35　电池容量显示形式

（1）理论容量：是指根据参加电化学反应的活性物质电化学当量数计算得到的电量。通常，理论上讲，1 电化当量物质将放出 1 法拉第电量，即 96 500 C 或 26.8 A · h（1 电化当量物质的量，等于活性物质的原子量或分子量除以反应的电子数）。

（2）额定容量：是指在设计和生产电池时，规定或保证在指定放电条件下电池应该放出的最低限度的电量。

（3）实际容量：是指在一定的放电条件下，即在一定的放电电流和温度下，电池在终止电压前所能放出的电量。

电池的实际容量通常比额定容量大 10% ~ 20%。

电池容量的大小与正、负极上活性物质的数量和活性有关，也与电池的结构和制造工艺及电池的放电条件（电流、温度）有关。

影响电池容量因素的综合指标是活性物质的利用率。换言之，活性物质利用得越充分，电池给出的容量也就越高。

活性物质的利用率可以定义为：利用率 =（电池实际容量/电池理论容量）× 100%；或：利用率 =（活性物质理论用量/活性物质实际用量）× 100%。

（九）比能量

电池的输出能量是指在一定的放电条件下电池所能输出的电功，它等于电池的放电容量和电池平均工作电压的乘积，其单位常用瓦时（W · h）表示。

电池的比能量有两种：一种叫质量比能量，用瓦时/千克（W · h/kg）表示；另一种叫体积比能量，用瓦时/升（W · h/L）表示。比能量的物理意义：电池为单位质量或单位体积时所具有的有效电能量。它是比较电池性能优劣的重要指标。

$$\frac{\text{电池能量}/(\mathrm{W\cdot h})}{\text{电池质量}\ (\mathrm{kg})}=\text{质量比能量}\ (\mathrm{W\cdot h/kg})$$

$$\frac{\text{电池能量}\ (\mathrm{W\cdot h})}{\text{电池体积}\ (\mathrm{L})}=\text{体积比能量}\ (\mathrm{W\cdot h/L})$$

必须指出，单体电池和电池组的比能量是不一样的。由于电池组合时需要有连接条、外部容器和内包装层等，故电池组的比能量总是小于单体电池的比能量。

电池的功率是指在一定的放电条件下，电池在单位时间内所能输出的能量。单位是瓦（W），或千瓦（kW）。电池的单位质量或单位体积的功率称为电池的比功率，单位是瓦/千克（W/kg），或瓦/升（W/L）。如果一个电池的比功率较大，则表明在单位时间内单位质量或单位体积中给出的能量较多，即表示此电池能用较大的电流放电。因此，电池的比功率也是评价电池性能优劣的重要指标之一。

（十）储存性能和自放电

电池经过干储存（不带电解液）或湿储存（带电解液）一定时间后，其容量会自行降低，这个现象称自放电。所谓“储存性能”，是指电池开路时在一定的条件下（如温度、湿度）储存一定时间后自放电的大小。

电池在储存期间虽然没有放出电能量，但是在电池内部总是存在着自放电现象。使是干储存，也会由于密封不严，进入水分、空气及二氧化碳等物质，使处于热力学稳定状态的部分正极和负极活性物质构成微电池腐蚀机理，自行发生氧化还原反应而白白消耗掉。湿储存更是如此，长期处在电解液中的活性物质也是不稳定的。负极活性物质大多是活泼金属，都会发生阳极自溶。酸性溶液中，负极金属是不稳定的，在碱性溶液及中性溶液中也非十分稳定。

电池自放电的大小一般用单位时间内容量减少的百分比表示，即

$$自放电=(C_o-C_t/C_ot)\times100\%$$

式中　C_o——储存前电池容量，A·h；

C_t——储存后电池容量，A·h；

t——储存时间，用天、周、月或年表示。

自放电的大小，也能用电池储存至某规定容量时的天数表示，称为储存寿命。储存寿命有两种，即干储存寿命和湿储存寿命。对于在使用时才加入电解液的电池储存寿命，习惯上也称为干储存寿命。干储存寿命可以很长。对于出厂前已加入电解液的电池储存寿命，习惯上称为湿储存寿命（湿荷电寿命）。湿储存时自放电严重，寿命较短。如银锌电池的干储存寿命可达 5 ~ 8 年，但它的湿储存寿命通常只有几个月。

降低电池中自放电的措施：一般是采用纯度较高的原材料，或将原材料预先处理，除去有害杂质；也可在负极金属板栅中加入氢过电位较高的金属如 Ag、Cd 等，还有的是在溶液中加入缓蚀剂，目的都是抑制氢的析出，减少自放电反应的发生。

（十一）寿　命

电池的寿命有“干储存寿命”和“湿储存寿命”两个概念。必须指出，这两个概念仅是针对电池自放电大小而言的，并非电池的实际使用期限。电池的真正寿命是指电池实际使用的时间长短。

对一次电池而言，电池的寿命是指额定容量的工作时间（与放电倍率大小有关）。

对二次电池而言，电池的寿命分充放电循环寿命和湿搁置使用寿命两种。

充放电循环寿命，是衡量二次电池性能的一个重要参数。经受一次充电和放电，称为一次循环（一个周期）。在一定的充放电制度下，电池容量降至某一规定值之前，电池能耐受的充放电次数，称为二次电池的充放电循环寿命。充放电循环寿命越长，电池的性能越好。在目前常用的二次电池中，镉镍电池的充放电循环寿命为 500 ~ 800 次，铅酸电池为 200 ~ 500 次，锂离子电池为 600 ~ 1 000 次，锌银电池很短，为 100 次左右。

二次电池的充放电循环寿命与放电深度、温度、充放电制式等条件有关。所谓“放电深度”，是指电池放出的容量占额定容量的百分数。减少放电深度（即“浅放电”），二次电池的充放电循环寿命可以大大延长。

湿搁置使用寿命，也是衡量二次电池性能的重要参数之一。它是指电池加入了电解液后开始进行充放电循环直至充放电循环寿命终止的时间（包括充放电循环过程中电池处于放电态湿搁置的时间）。湿搁置使用寿命越长，电池性能越好。在目前常用的电池中，镉镍电池湿搁置使用寿命为 2 ~ 3 年，铅酸电池为 3 ~ 5 年，锂离子电池为 5 ~ 8 年，锌银电池最短，只有 1 年左右。

另外，电池的性能还有低温性能、耐过充电能力、安全性能等。

五、动力电池的运输与存储

在锂电池日常储存运输中，需要相应的知识储备，同时还需要小心谨慎。作为特别容易发生化学反应的金属，锂电池易延伸和燃烧，所以在包装、运输、储存时，不按规定处理可能会导致严重的事故——燃烧和爆炸。图 1-1-36 所示为动力电池存放车间。

（一）储存要求

（1）电池应储存在通风良好、干燥和凉爽处，高温和高湿可能损害电池性能和/或腐蚀电池表面。

（2）电池纸箱堆放不应超过规定的高度，如果过多的电池纸箱堆在一起，底层纸箱中的电池可能变形，出现漏液。

（3）电池应避免存放或陈列在阳光直射处，或可能遭受雨淋的地方。电池淋雨后，绝缘电阻会减小，可能出现自放电和生锈。温度上升也可能损坏电池。

（4）以原有的包装存放和陈列电池。如果将去掉包装后的电池乱堆放，容易引起电池短路和损坏。

（5）对互相接触容易引起燃烧、爆炸的物品及灭火方法不同的物品，应隔离存放。

图 1-1-36　动力电池存放车间

（二）搬运要求

（1）进行物料搬运时，无论使用何种搬运工具，都应妥善处理，以防物料掉落或损伤。

（2）进行物料搬运时，应考虑负荷、叠层、方向性等问题。

（3）使用叉车或推车时，装载方式应为先重后轻；被运物料不可超过通道及电梯门的宽度及高度；速度需适中。

（4）搬运者应使用合格的搬运工具（叉车、推车等）。

（5）电池纸板箱应小心装卸，粗暴装卸可能导致电池短路或受损，从而导致漏液、爆炸或着火。

六、实训中心动力电池的安全管理

（一）锂电池长期不用如何存放

（1）锂电池长期不用应充入 50%～80%的电量，并从仪器中取出，存放在干燥阴凉的环境中，每隔 3 个月充一次电，以免存放时间过长，电池因自放电导致电量过低，造成不可逆的容量损失。

（2）锂电池的自放电受环境温度及湿度的影响，高温及湿温会加速电池的自放电，建议将电池存放在 0～20 °C 的干燥环境中。与镍镉电池及镍氢电池相比，锂电池具有体积能量比高、体积小、质量轻、工作电压高、无记忆效应（可以随时充电随时取下使用）、环保无污染等诸多优势，是目前最为先进的电池；其缺点是价格昂贵。因此，为了充分利用锂电池的能效，在日常的使用及存放过程中，要注意锂电池的保养以及锂电池长期不用如何存放这两个方面的知识。

（二）锂电池的日常保养

（1）锂电池不存在记忆效应，可以随用随充。但要注意的是，锂电池不能过度放电，过度放电会造成不可逆的容量损失。当机器提醒电量低的时候就要马上开始充电了。

（2）日常使用中，刚充好的锂电池要搁置半个小时，待电性能稳定后再使用，否则会影响电池性能。

（3）不使用仪器时，务必将电池取出保存在干燥阴凉处。

（4）注意锂电池的使用环境：其充电温度为 0～45 °C，放电温度为 -20～60 °C。

（5）不要将电池与金属物体混放，以免金属物体触碰到电池正负极，造成短路，损害电池甚至造成危险。

（6）不要敲击、针刺、踩踏、改装、日晒电池，也不要将电池放置在微波、高压等环境下。

（7）使用正规的匹配的锂电池充电器给电池充电，不要使用劣质的或其他类型电池充电器给锂电池充电。

实训项目 1.1　单体动力电池参数辨认及测量

一、工作准备

（1）分组，确定小组长，明确其组员分工。
（2）防护装备：安全用电装备等。
（3）能连接互联网的计算机或移动终端。
（4）专用工具、设备：万用表、内阻测试仪等。
（5）手工工具：无。
（6）辅助材料：动力电池相关技术资料。

二、实施步骤

（1）辨认动力电池电芯（提供 4 种以上电芯进行参数辨认），填写表 1-1-1。

表 1-1-1　辨认动力电池电芯

序号	电池电芯	参数填写
1		电池类型：______________ 电芯型号（外形尺寸）：______________ 电池额定电压：______________V 电池额定容量：______________A・h
2		电池类型：______________ 电芯型号（外形尺寸）：______________ 电池额定电压：______________V 电池额定容量：______________A・h
3	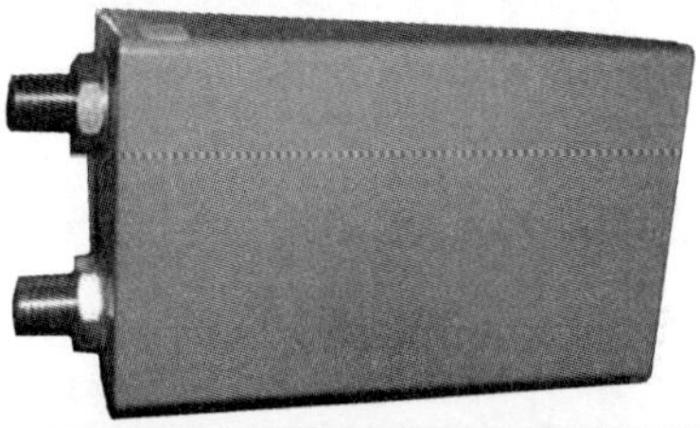	电池类型：______________ 电芯型号（外形尺寸）：______________ 电池额定电压：______________V 电池额定容量：______________A・h
4		电池类型：______________ 电芯型号（外形尺寸）：______________ 电池额定电压：______________V 电池额定容量：______________A・h

（2）动力电池电芯参数测量（提供 4 种以上电芯进行参数测量），填写表 1-1-2。

表 1-1-2　动力电池电芯参数测量

序号	电池电芯	参数填写
1		电池类型：________ 电池额定电压：________V 实际测量电压：________V 实际测量内阻：________mΩ
2		电池类型：________ 电池额定电压：________V 实际测量电压：________V 实际测量内阻：________mΩ
3	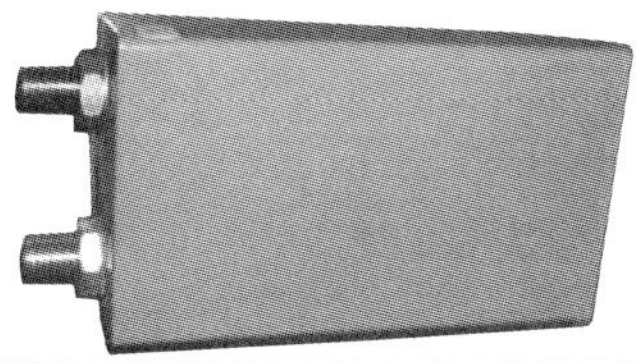	电池类型：________ 电池额定电压：________V 实际测量电压：________V 实际测量内阻：________mΩ
4	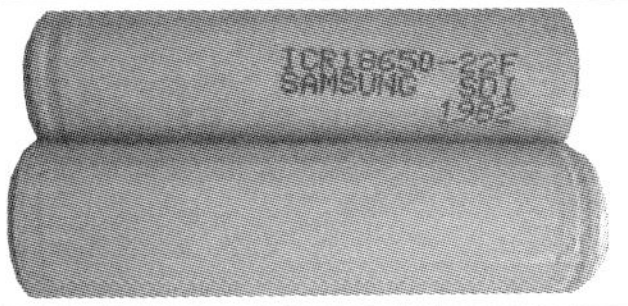	电池类型：________ 电池额定电压：________V 实际测量电压：________V 实际测量内阻：________mΩ

三、评价与反馈

考核项目	评分标准	分数	学生自评	小组互评	教师评价	小计
团队合作	是否和谐	5				
活动参与	是否积极主动	5				
安全操作	有无安全隐患	10				
现场 6S	是否做到	10				
任务方案	是否正确合理	15				
操作过程	按操作步骤完成并完成相关内容填写	30				
课题完成情况	是否圆满完成	5				
工具和设备使用	是否规范标准	10				
劳动纪律	是否严格遵守	5				
工单填写	是否完整规范	5				
总分		100				
教师签名				得分		

任务练习

一、单项选择题

1. 电池从广义上讲主要可分为化学电池、物理电池和（　　）三大类。

A. 干电池　　B. 生物电池

C. 充电电池　　D. 锂电池

2. 在化学电池中，根据能否用充电方式恢复电池存储电能的特性，可以分为一次电池和（　　）两大类。

A. 原电池　　B. 二次电池

C. 铅酸电池　　D. 生物电池

3. 铅酸电池属于（　　）。

A. 一次电池　　B. 二次电池

C. 干电池　　D. 物理电池

4. 三元锂离子电池的额定电压为（　　）V。

A. 1.2　　B. 3.2

C. 3.6　　D. 4.2

5. 磷酸铁离子电池的额定电压为（　　）V。

A. 1.2　　B. 3.2

C. 3.6　　D. 4.2

二、简答题

1. 新能源汽车动力电池是如何分类的？
2. 铅酸电池由哪些部分组成？其优缺点分别是什么？
3. 简述锂离子电池内部工作过程。
4. 简述锂离子动力电池有哪些类型？
5. 新能源汽车动力电池的性能参数有哪些？

项目 2 新能源汽车动力电池管理系统

概 述

电池管理系统（Battery Management System，BMS）是对电池进行管理的系统，通常具有量测电池电压的功能，防止或避免电池过放电、过充电、过温度等异常状况出现。随着技术的发展，电池管理系统的功能也越来越强。本项目将从动力电池管理系统的基本构成和工作原理、动力电池状态的实时监测、动力电池的 SOC（State of Charge，电池荷电状态或剩余电量）评估、动力电池的均衡控制四个方面进行讲述，使学生对新能源汽车动力电池管理系统有一个全面的认识。

学习任务 2.1　动力电池管理系统的基本构成和工作原理

学习目标

1. 了解动力电池管理系统的基本结构。
2. 掌握动力电池管理系统工作原理。
3. 熟悉动力电池管理系统中各部件的功能。

一、动力电池管理系统的定义

电池管理系统（BMS）并没有严格的定义，我们可以这样理解：电池管理系统是用来对动力电池组进行安全监控和有效管理，保持动力电源系统正常应用和提高电池寿命的一种装置，俗称电池保姆或电池管家。它能监控电池的工作状态（电池的电压、电流和温度）、预测动力电池的电池容量（SOC）和相应的剩余行驶里程，进行电池管理以避免出现过放电、过充、过热和单体电池之间电压严重不平衡现象，最大限度地利用电池存储能力和循环寿命。

二、动力电池管理系统基本组成

电池管理系统（见图 2-1-1）主要由以下几部分组成：中央处理单元（主控模块或 MCU）、数据采集单元（BMU）、均衡单元、显示单元、控制部件（继电器、熔断装置）及检测部件（漏电检测、电流传感器、温度传感器等）等。

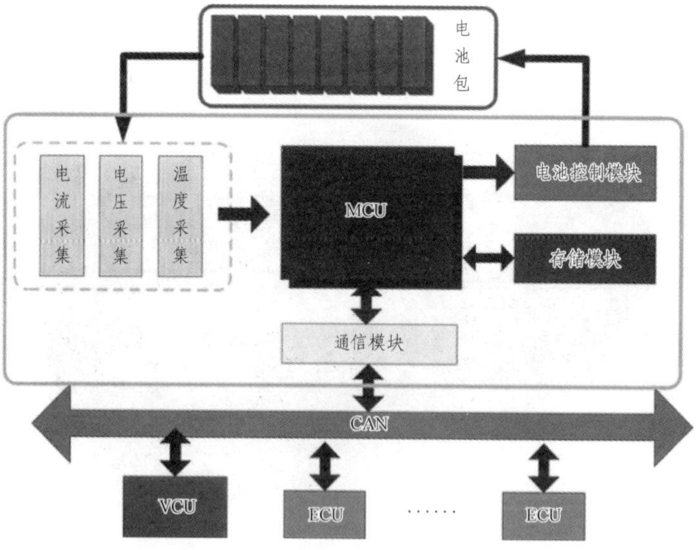

图 2-1-1　动力电池管理系统基本组成

中央处理单元由主控板、高压控制回路等组成；数据采集单元由温度采集模块、电压采集模块等组成，大部分应用将均衡模块与检测模块设计在一起；显示单元由显示板、液晶屏、键盘及上位机等组成。一般采用 CAN（现场总线）技术实现相互间的信息通信以及与整车多能源系统的信息通信。

动力蓄电池管理系统按结构可分为分布式管理系统（Distributed Battery Management System，DBMS）和集中式管理系统（Battery Management System，BMS）。

三、分布式动力蓄电池管理系统

（一）分布式动力蓄电池管理系统的特点

分布式管理系统是对每个单体蓄电池进行采样、监控和计算，再将计算和判断的结果送到 BMS 中心处理器或直接通过 CAN 总线传输到整车控制器。其优点是减少了布线，便于动力电池系统的扩展，可以分散安装，通过总线进行连接与信息通信，采集的数据可以就近处理，精度高，可以更好地计算蓄电池的状态，利于建立标准化的蓄电池管理系统。其缺点是成本较高，灵活性较差，修改麻烦，数据须由串行总线传输，使得系统巡回检测的速度受限制，而且数据的实时性不高。

（二）分布式动力蓄电池管理系统的结构

如图 2-1-2 所示，在分布式动力蓄电池管理系统中，数据采集是分散的，即每个蓄电池包对应一个采集单元，这些单元分别与控制中心的 BMS 通过一根母线进行数据通信，充电控制、放电控制等单元也是分开的，需要通过总线传输到中心控制器。

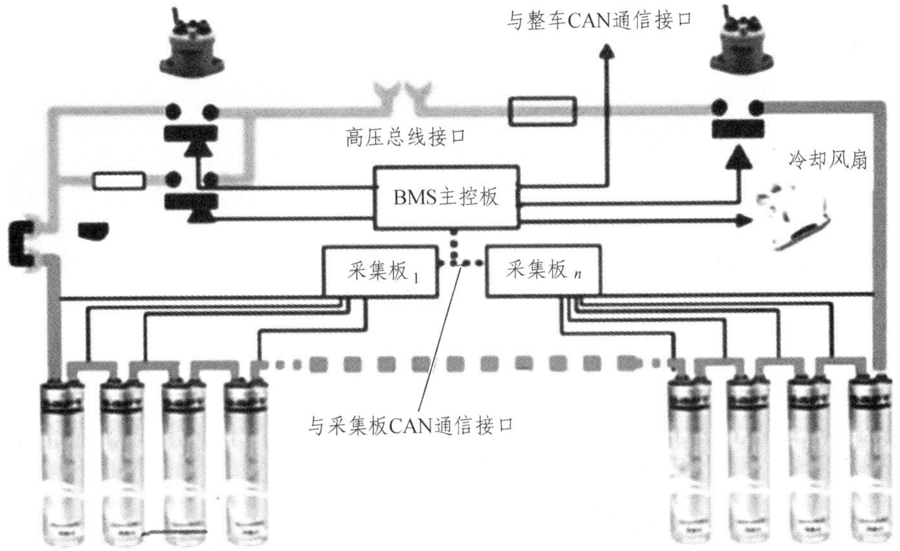

图 2-1-2　分布式管理系统结构图

（三）分布式动力蓄电池管理系统组成

比亚迪秦的电池管理系统采用的是分布式电池管理系统，主要由一个电池管理控制器（Battery Management Control，BMC）、10 个电池信息采集器（Battery Information Collector，BIC）和 1 套电池采样线构成。

1. 电池管理控制器（BMC）

如图 2-1-3 所示，比亚迪秦的电池管理控制器（BMC）位于行李箱车身右 C 柱内板后段。BMC 的主要功能是总电压监测、总电流监测、SOC 计算、充放电管理、接触器控制、功率控制、电池异常状态报警和保护、漏电报警、碰撞保护、自检以及通信等。

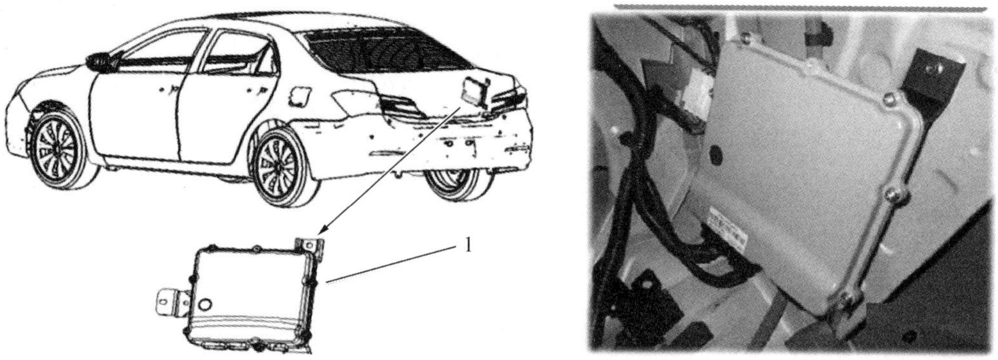

图 2-1-3　电池管理控制器（BMC）

2. 电池信息采集器（BIC）

如图 2-1-4 所示，10 个电池信息采集器分别位于每个电池模组的前端，主要用来电压采样、温度采样、电池均衡、采样线异常检测等。

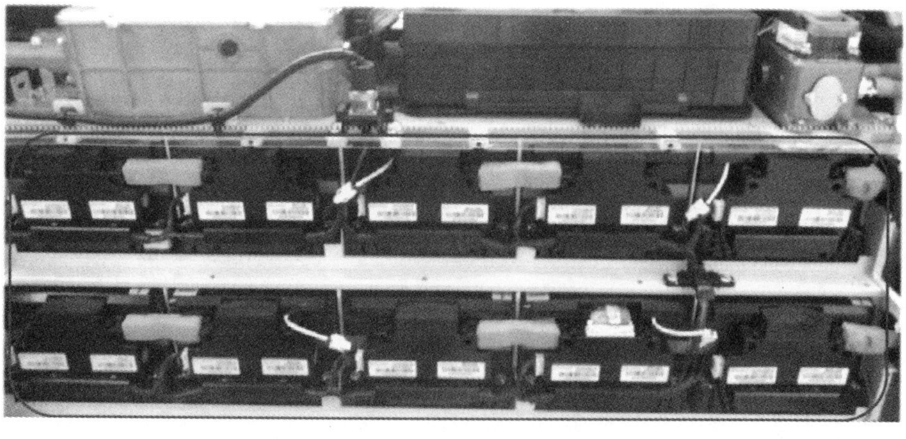

图 2-1-4　电池信息采集器（BIC）

3. 电池采样线

电池采样线的主要功能是连接电池管理控制器和电池信息采集器，实现二者之间的通信及信息交换。

四、集中式动力蓄电池管理系统

（一）集中式动力蓄电池管理系统的特点

集中式管理系统是对动力蓄电池的基本信息（电压、电流、温度）进行采样，然后在 BMS 中心处理单元内进行数据的处理、计算和判断，并进行相应的控制。其优点是材料的成本低，系统之间可以实现无限制的通信，简化了对不同电池参数的调整与改写，对参数的测量速度快、可靠性高。其缺点是技术难度大，不能检测到每个单体蓄电池，精度差，对信号处理要求高。

（二）集中式动力蓄电池管理系统的结构

如图 2-1-5 所示，在集中式管理系统中，中央控制单元和数据采集单元等形成整个管理单元，对蓄电池系统中的信息如电压、电流和温度等进行采样，然后由中央处理器进行数据处理、计算判断并做出相应的控制。

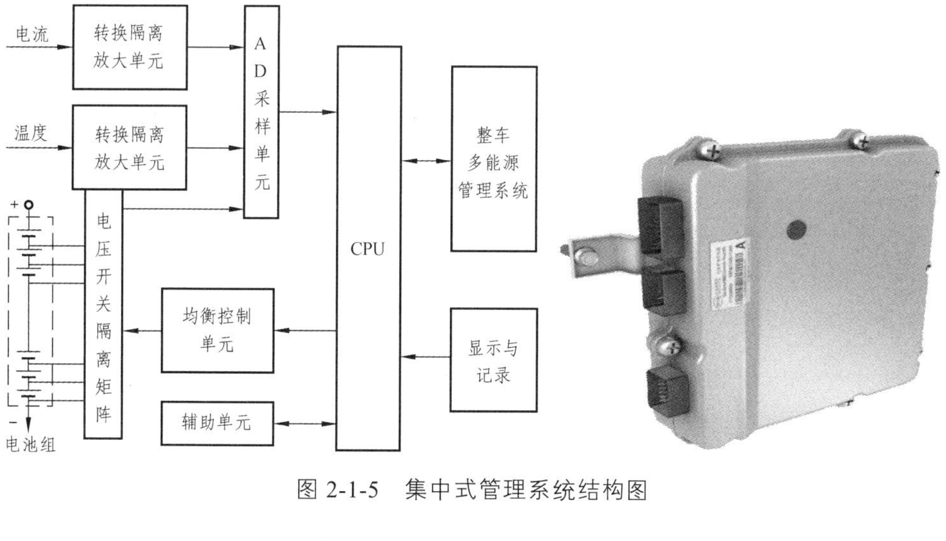

图 2-1-5　集中式管理系统结构图

（三）集中式动力蓄电池管理系统组成

以比亚迪 e5 为例，如图 2-1-6 所示，集中式动力蓄电池管理系统（BMS）安装在充配电总成的侧面，其包括多个处理模块：数据采集模块、SOC 估算模块、电气控制模块、安全管理模块、热管理模块、数据通信模块和显示模块等。

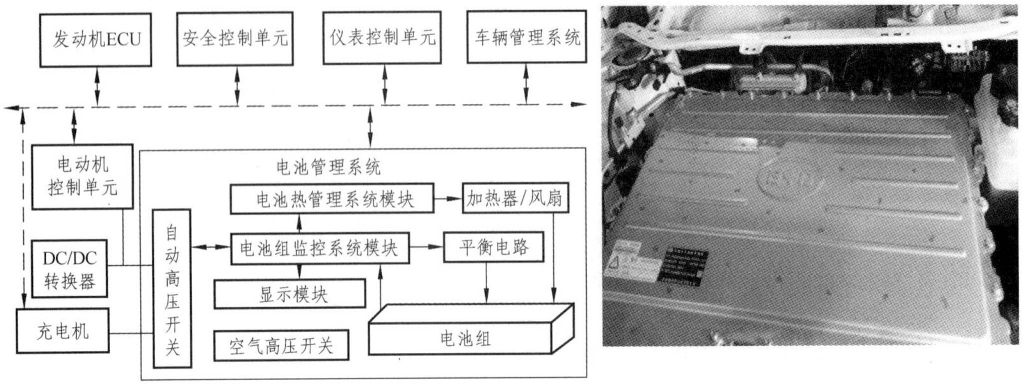

图 2-1-6　集中式管理系统组成及安装位置

BMS 动态监测动力电池组的工作状态，实时采集每个单体电池的端电压和温度、充放电电流及电池包的总电压，估算出各电池的荷电状态（SOC）、安全状态（SOH）和电化学状态（State of Electrochemistry，SOE）。然后通过控制其他器件，防止电池产生过充电或过放电现象，同时及时给出电池状况，找出故障电池所在箱号内位号，挑选出有问题的电池，保持整组电池运行的可靠性和高效性。此外，BMS 还需要设定面向用户端的显示，将估算的剩余电量换算成可行驶里程，以及自动报警和故障诊断功能，方便驾驶人操作和处理。也就是说，数据采集电路采集电池状态信息数据后，由电子控制单元（Electronic Control Unit，ECU）进行数据处理和分析，然后根据分析结果对系统内的相关功能模块和执行部件发出控制指令，并向外界传递信息。

五、动力蓄电池管理系统的基本功能

动力蓄电池管理系统的基本功能分为检测、计算、管理、保护等，如图 2-1-7 所示，主要包括数据采集、状态监测、均衡控制、能量管理、热管理、安全保护、信息管理等。通过电压、电流及温度检测等功能实现对动力蓄电池系统的电压、欠电压、过电流、过高温和过低温保护，继电器控制、SOC 估算、充放电管理、均衡控制、故障报警及处理、与其他控制器通信等功能。此外，电池管理系统还具有高压回路绝缘检测功能，以及为动力蓄电池系统加热功能。

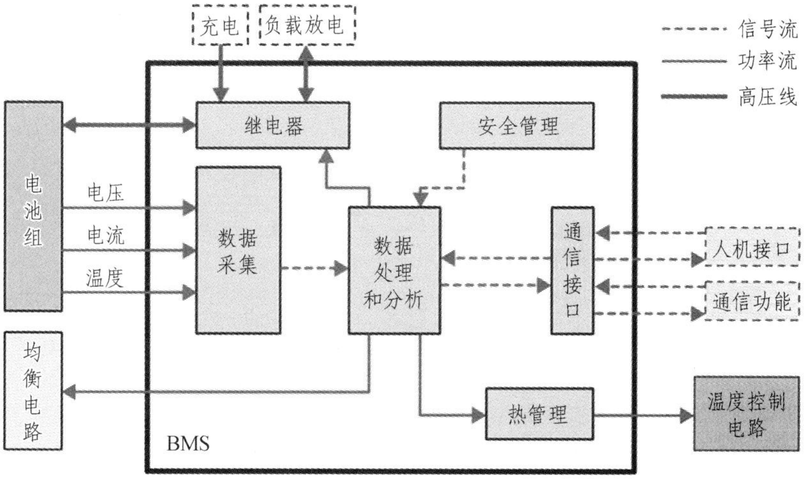

图 2-1-7　动力蓄电池管理系统的功能

（一）动力蓄电池状态检测功能

状态检测功能主要是对动力蓄电池的电压、电流和温度等与自身安全运行相关的状态参数进行数据采集，然后把采集到的数据发送给主控模块并完成计算和处理。数据采集速率和精度是影响管理系统性能的重要指标。

（二）动力蓄电池状态分析功能

状态分析功能主要包括 SOC 和 SOH 计算。SOC 是提示动力蓄电池组剩余电量的参数，是计算和估计汽车续航里程的基础。准确估算 SOC 能够保护蓄电池、提高整车性能和经济性能，还能降低车辆对动力蓄电池的要求。SOH 是提示蓄电池的技术状态、预计可用寿命等健康状态的参数。

（三）动力蓄电池安全防护功能

安全管理主要用于监视蓄电池的电压、电流、温度等是否超过正常范围，防止蓄电池组出现过充电、过放电和温度过高等现象。主要功能包括：过电压和过电流控制、过放电控制、防止温度过高、绝缘检测、烟雾报警、自动灭火、在碰撞情况下关闭电池等。

（四）动力蓄电池能量控制功能

能量控制功能主要包括以电流、电压、温度、SOC、SOH 为输入进行充电过程控制，以 SOC、SOH、温度等参数为条件进行放电功率控制，以及制动能量的回收控制和一致性补偿。

（1）充电控制功能：是指蓄电池管理系统在充电过程中对电压和电流等参数进行实时优化控制，优化项目包括充电时长、充电效率以及充电的饱和程度等。

（2）放电控制功能：指在放电过程中根据蓄电池的状态对放电电流大小进行控制，以使动力蓄电池组发挥更大效能，有利于延长汽车的续航里程，更为重要的是延长蓄电池的使用寿命。

（3）制动能量回收控制功能：也是能量控制管理的重要内容之一，其实质就是通过充放电控制管理把蓄电池的荷电状态维持在一定范围内，以便有足够的能量空间接收来自制动回收的能量，从而使蓄电池的充放电效率更高。

（4）一致性补偿：当单体蓄电池之间有差异时，采取一定的措施进行补偿，保证蓄电池组表现能力更强，并用一定的手段来显示性能不良的单体蓄电池的位置，以便维修更换。一般动力蓄电池采用的是充电补偿功能，设计有旁路分流电路，能确保每个单体都充满电，从而减缓蓄电池老化的进度，延长其使用寿命。

（五）动力蓄电池信息管理功能

信息管理系统用于存储关键数据，如 SOC、SOH、累积充放电数、故障码等，并将数据传输到主控制器。单体电池采用串行通信接口，整车管理系统采用 CAN 总线。BMS 需要与整车控制器等网络节点通信，同时，BMS 在车辆上拆卸不方便，一般的车载网络均采用 CAN 总线技术。通过 CAN 总线实现各检测模块和中央处理单元的通信，其难点在于如何根据采集的每个单体电池的电压、温度和放电电流的历史数据，准确估计动力蓄电池的 SOC 状态。

（六）动力蓄电池热管理系统功能

动力蓄电池的热管理系统通过冷却和加热使动力蓄电池温度处于正常工作温度范围内，并能在工作过程中保持单体电池间温度均衡，避免因为温度的不均衡而造成单体蓄电池的不一致性，从而延长动力蓄电池组的寿命。热管理系统一般由蓄电池箱、传热介质、监测元器件等构成。主要功能包括：蓄电池温度的准确测量和监控、蓄电池组温度过高时的有效散热和通风、低温条件下的快速加热确保电池组能正常工作、有害气体产生时的有效通风、保证电池组温度场的均匀分布等。

图 2-1-8 所示为比亚迪 e5 的动力蓄电池的热管理系统，它主要由电池冷却控制系统和电池冷却循环系统组成。电池冷却控制系统主要由温度传感器、电池控制器、高压电控总成组成；电池冷却循环系统由储液罐、电池电流过流保护片（PTC）、电动水泵、电池冷却系统热交换器等组成。电池冷却系统热交换器和电池 PTC 是专门为调节电池冷却系统中冷却液的温度而设置的，是一套独立的冷却系统。热交换器的作用是吸收电池冷却系统的热量，而电池 PTC 是在启动前期加热电池冷却系统的冷却液温度，使动力电池在纯电动汽车起步时具有良好的供电性能。

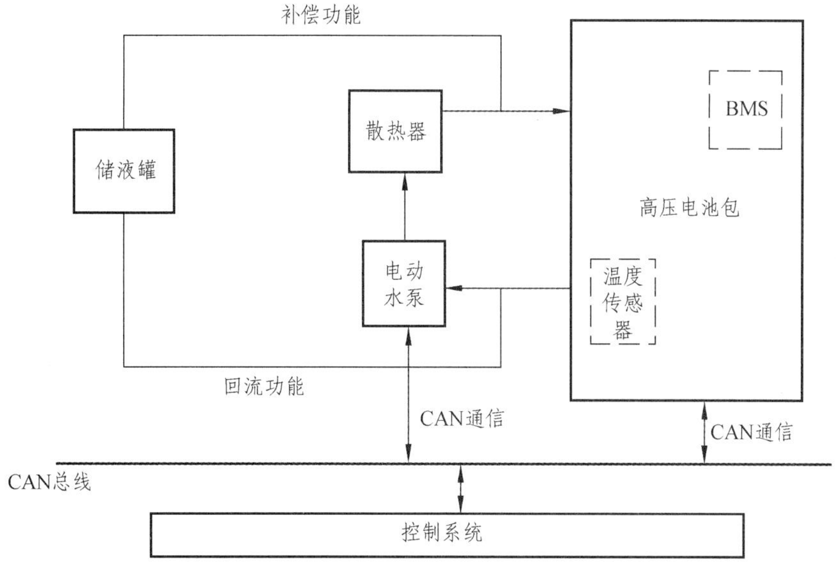

图 2-1-8 动力蓄电池热管理系统组成

当比亚迪 e5 需要工作时，电池管理器根据接收到的温度传感器、上电开关等信号，进行比较分析，得出电池 PTC 需要加热的结论，之后发出指令给高压电控总成，高压电控总成中的配电盒将电池 PTC 的电路接通，加热电池冷却系统冷却液温度；当上电预检正常时，电池管理器控制电动水泵工作，使冷却液在电池冷却循环系统流动，流动的冷却液经过动力电池，使动力电池逐步加热至工作温度。

在比亚迪 e5 运行过程中，电池管理器将接收到的温度传感器信号进行比较分析，得出电池工作温度偏高，需要降低动力电池工作温度的结论时，电池管理器会发出指令给高压电控总成，高压电控总成中的配电盒控制热交换器和电动水泵的工作，在电动水泵的作用力下，经散热后的冷却液进入高压电池包对其进行冷却。冷却过程中，若冷却液不足则由储液罐进行补偿，并且部分高温冷却液以水蒸气形式返回储液罐以平衡整个管路系统的压力。

实训项目 2.1　不同车型动力蓄电池管理系统识别

一、工作准备

（1）分组，确定小组长，明确其组员分工。
（2）防护装备：安全用电装备等。
（3）能连接互联网的计算机或移动终端。
（4）专用工具、设备：万用表、内阻测试仪等。
（5）手工工具：无。
（6）辅助材料：动力电池相关技术资料。

二、任实施务

1. 动力蓄电池管理系统的不同形态

（1）图 2-1-9 所示为北汽 EV200 采用的集中式动力蓄电池管理系统。

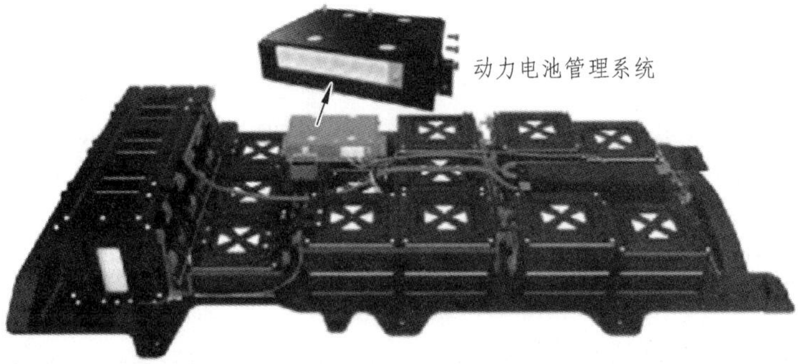

图 2-1-9　北汽 EV200 动力蓄电池管理系统

（2）图 2-1-10 所示为北汽 EV150 采用的分布式动力蓄电池管理系统。

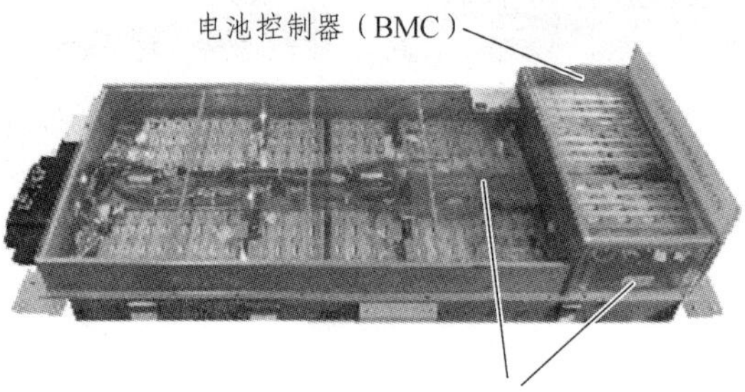

图 2-1-10　北汽 EV150 动力蓄电池管理系统

（3）图 2-1-11 所示为比亚迪 e6 采用的集中式电池管理系统，安装在车身右后侧。

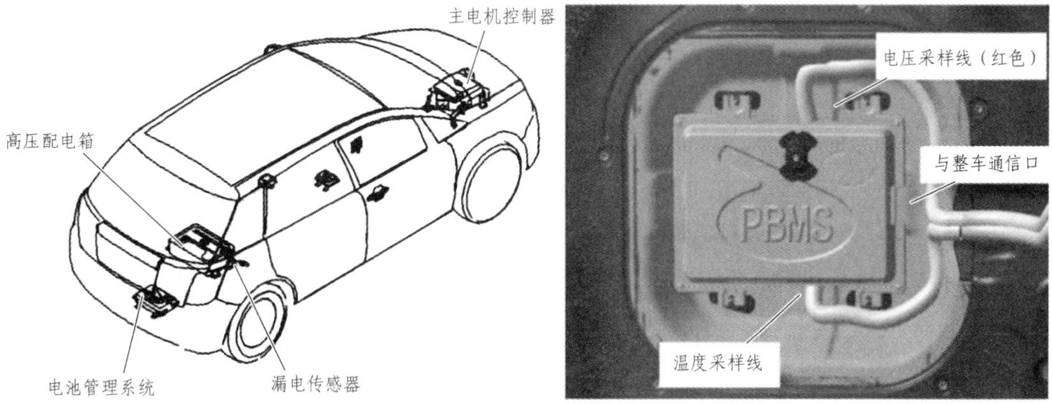

图 2-1-11　比亚迪 e6 动力蓄电池管理系统

通过实时采集各电芯的电压、各温度传感器的温度值、电池系统的总电压值和总电流值等数据，实时监控动力电池的工作状态，并通过 CAN 总线与整车控制器（VCU）之间进行通信，获得电能需求和故障信息，对动力蓄电池系统的充放电进行综合管理。

（4）图 2-1-12 所示为比亚迪秦采用的分布式电池管理系统。

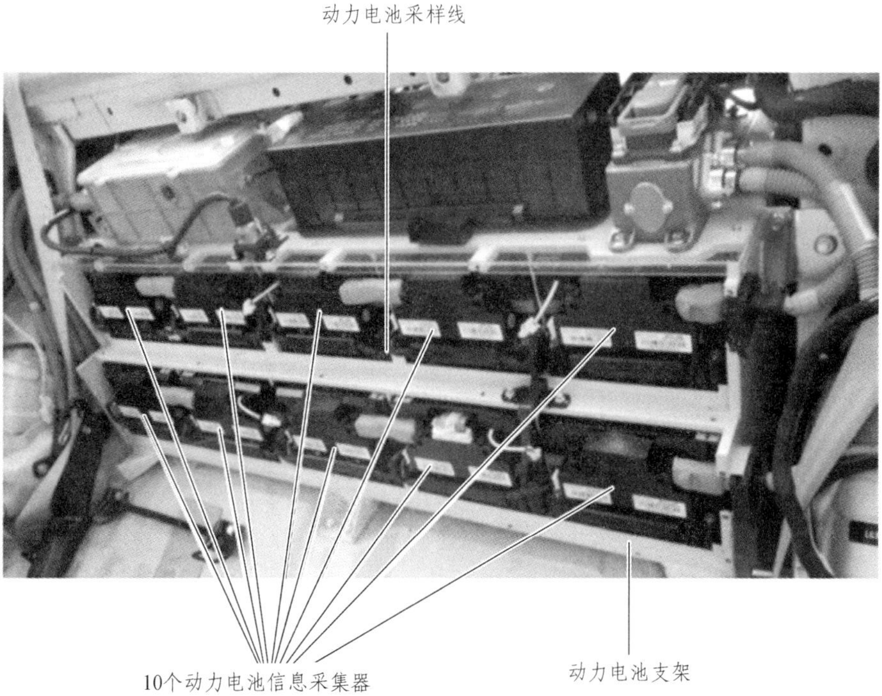

图 2-1-12　比亚迪秦动力蓄电池管理系统

2. 分布式电池管理系统的优势

比亚迪秦所采用的分布式电池管理器与比亚迪 e6 采用的集中式电池管理器相比有如下优势：

（1）结构更加优化、智能，取代了原来的电压、温度采样线。

（2）布置更加合理。BMC 的体积减小，有利于整车空间的充分利用，便于布置。

（3）性能更加完善。增加 BIC，能够更加精确地控制电池的电压，通过均充均放保证单体的一致性，提高电池性能。

（4）整车更加安全。在电池内部增加继电器和保险，不仅保证了电池包本身的安全，同时也为整车提供了安全保障。

（5）电压采样线和温度采样线走线比较方便，固定比较容易。

（6）分布式电池管理器的防水等级更高（IP67），且安装的位置较高，更加可靠。

（7）安全性更好。集中式的电压采样线从电池包直接引出到电池管理器，线束破损或者接插件进水则容易产生安全隐患，还容易使电池管理器短路而烧毁。

3. 不同类型动力蓄电池管理系统的识别

1）集中式管理系统

如图 2-1-13 所示，该集中式管理系统位于维修开关一侧，通过 CSC 电芯管理单元来完成电压、电流和温度信号采集并实现均衡控制，通过 CAN 线与 VCM 整车控制模块进行通信（见图 2-1-14）。

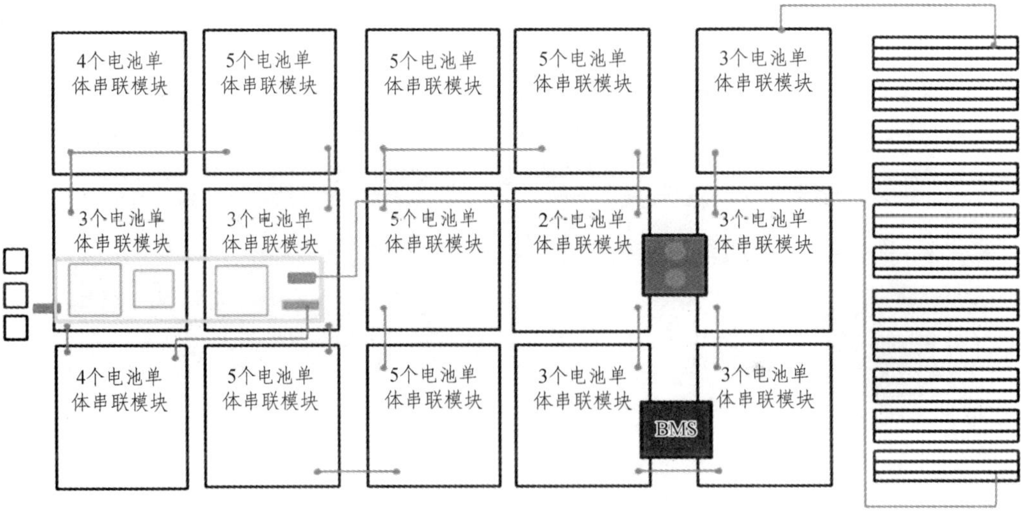

图 2-1-13　集中式管理系统的位置结构

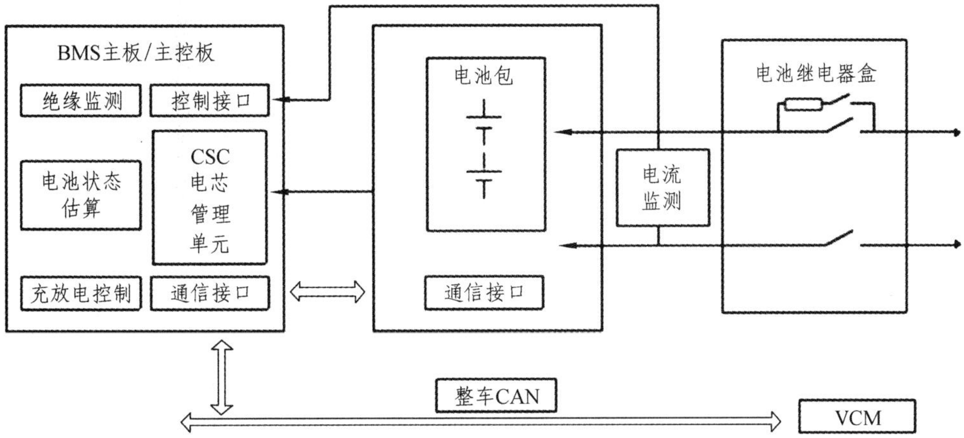

图 2-1-14　集中式管理系统拓扑结构

2）分布式管理系统

如图 2-1-15 所示，该分布式管理系统位于蓄电池系统的前侧两端和中后侧，信息采集器 BIC 采集单体电池的信息并通过数据接口反馈给电池管理控制器 BMC，主控盒通过 CAN 线与 VCM 整车控制模块进行通信（见图 2-1-16）。

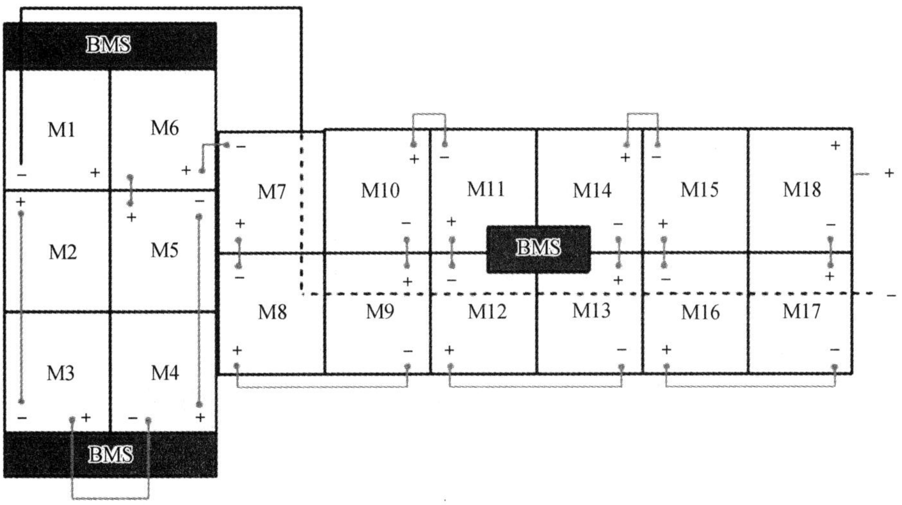

图 2-1-15　分布式管理系统

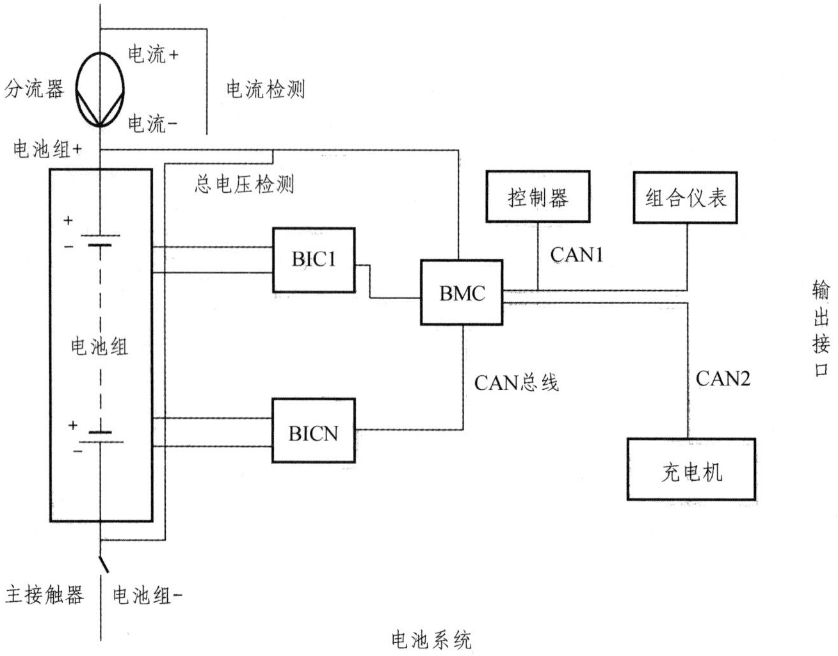

图 2-1-16　分布式管理系统拓扑结构

三、评价与反馈

考核项目	评分标准	分数	学生自评	小组互评	教师评价	小计
团队合作	是否和谐	5				
活动参与	是否积极主动	5				
安全操作	有无安全隐患	10				
现场 6S	是否做到	10				
任务方案	是否正确合理	15				
操作过程	按操作步骤完成并完成相关内容填写	30				
课题完成情况	是否圆满完成	5				
工具和设备使用	是否规范标准	10				
劳动纪律	是否严格遵守	5				
工单填写	是否完整规范	5				
总分		100				
教师签名				得分		

任务练习

1. 什么是动力蓄电池管理系统？
2. 动力蓄电池的基本功能有哪些？
3. 简述动力蓄电池热管理系统功能。

学习任务 2.2　动力电池状态的实时监测

学习目标

1. 能够准确描述动力蓄电池信息采集器的功能、组成及工作原理。
2. 能够按操作流程规范完成信息采集线束及信息采集器的检测与更换。
3. 能够独立完成动力蓄电池信息采集系统的检测。

一、动力蓄电池信息采集系统功能与组成

动力蓄电池信息采集系统主要完成动力电池电压采样、温度采样、电池均衡采样线异常检测等任务，其主要由信息采集器（BIC）、信息采集线、电池管理控制器（BMC）等组成，如图 2-2-1 所示。

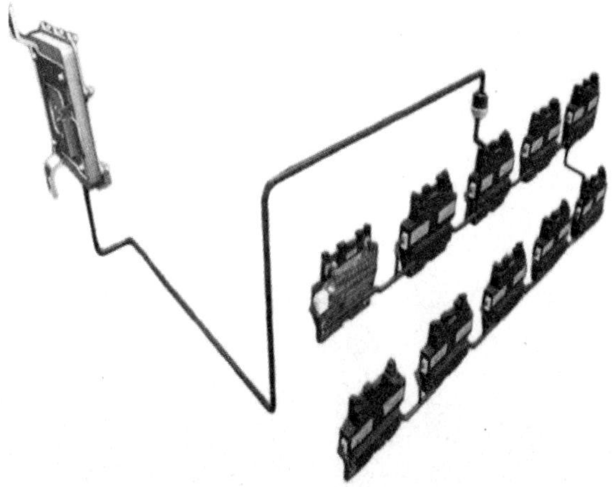

图 2-2-1　动力电池信息采集结构组成示意图

二、电池信息采集器（BIC）

（1）安装位置。电池信息采集器（BIC）的主要功能是完成电压采样、温度采样、电池均衡、采样线异常检测等。图 2-2-2 所示为比亚迪秦的信息采集器及其安装位置，图 2-2-3 所示为比亚迪 e5 电池信息采集器的安装位置。

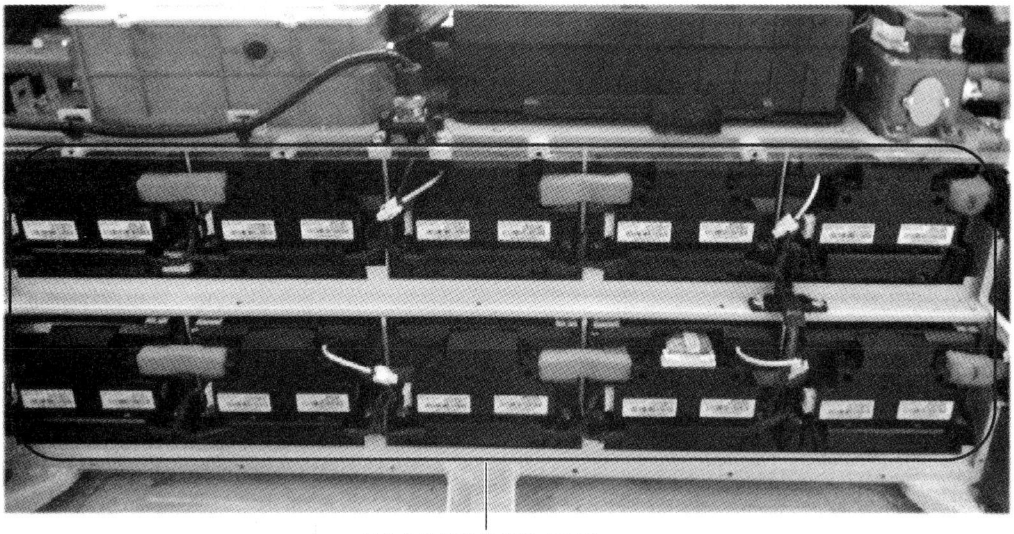

图 2-2-2　比亚迪秦的信息采集器安装位置

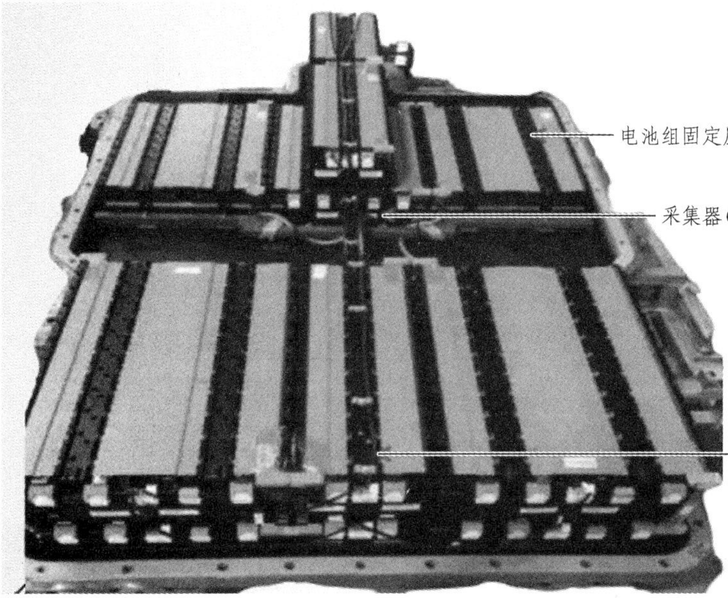

图 2-2-3　比亚迪 e5 电池信息采集器的安装位置

（2）电池信息采集器结构及组成。图 2-2-4 所示为比亚迪 e5 电池信息采集器（BIC），它主要由电压采样、温度采样、通信端口组成。图 2-2-5 所示为比亚迪秦信息采集器结构。

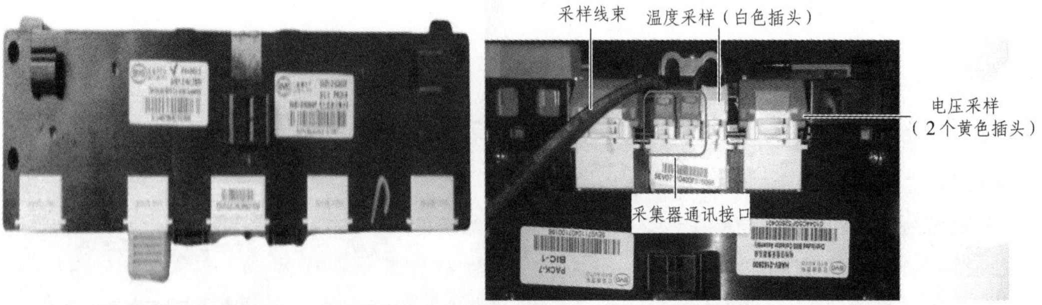

图 2-2-4　比亚迪 e5 纯电动车动力电池信息采集器结构

图 2-2-5　比亚迪秦混动车电池信息采集器结构

三、动力电池信息采集线

动力电池信息采集（采样）线的主要功能是连接电池管理控制器和电池信息采集器，实现二者之间的通信及信息交换。图 2-2-6 所示为比亚迪秦的动力电池信息采样线。

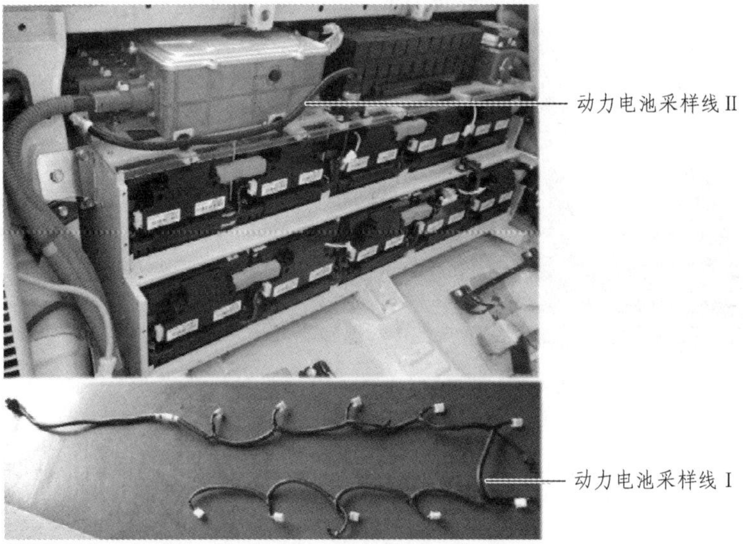

图 2-2-6　比亚迪秦混合动力车动力电池信息采样线

四、电池管理控制器（BMC）

（一）电池管理器类型及功用

从硬件拓扑结构的角度来看，电池管理器只有三种类型，分别是集中式电池管理器、分散式电池管理器及模组化电池管理器，但其功能都是相似的。

电池管理控制器的主要功能包括：总电压监测、总电流监测、SOC 计算、充放电管理、接触器控制、功率控制、电池异常状态报警和保护、漏电报警、碰撞保护、自检以及通信等。图 2-2-7 所示为比亚迪 e5 电池管理器外形，图 2-2-8、图 2-2-9 分别为比亚迪秦电池管理控制器的结构及端子图。

图 2-2-7　比亚迪 e5 电池管理控制器

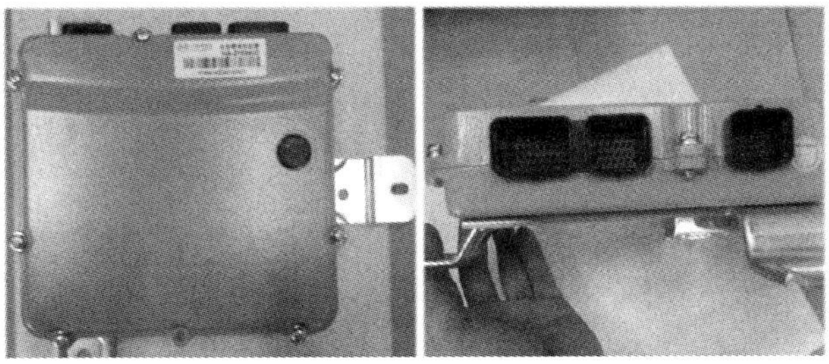

图 2-2-8　比亚迪秦电池管理控制器结构

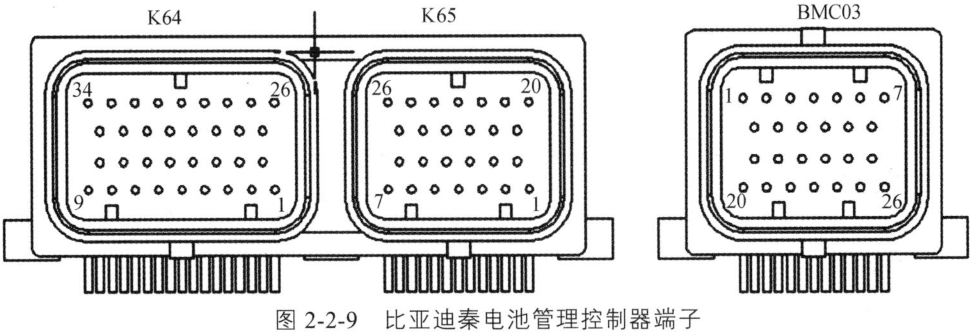

图 2-2-9　比亚迪秦电池管理控制器端子

（二）安装位置

电池管理控制器（BMC）在不同车型上的安装位置有所不同，图 2-2-10 为比亚迪秦的 BMC 及其安装位置图，图 2-2-11 为比亚迪 2018 款 e5 电池管理器位置图。

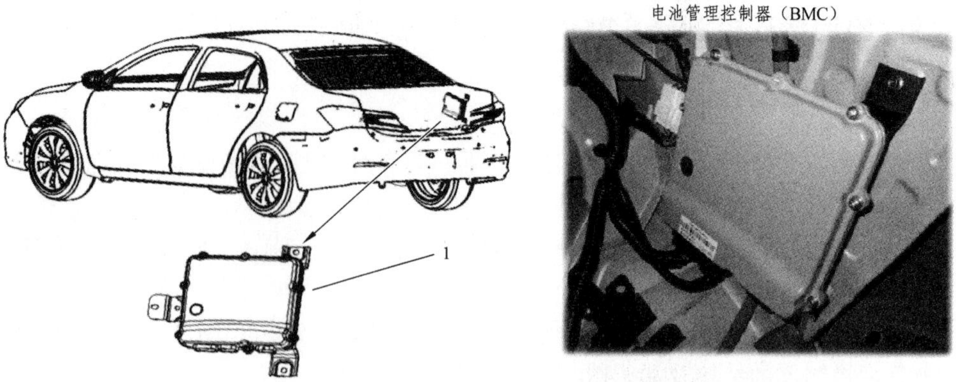

图 2-2-10　比亚迪秦电池管理控制器安装位置

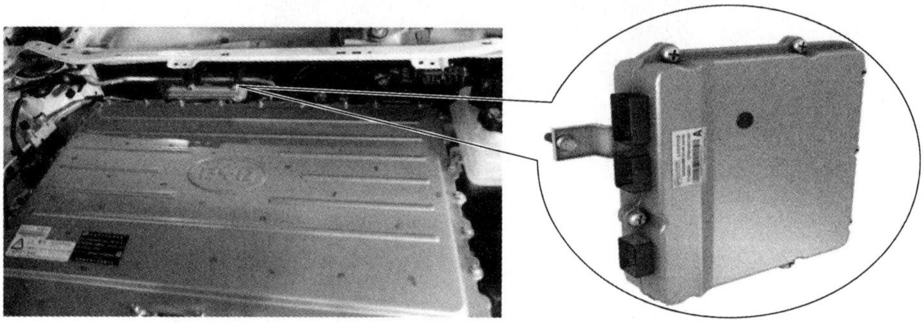

图 2-2-11　比亚迪 2018 款 e5 电池管理器安装位置

（三）电池管理器的结构

电池管理系统由主控模块与从控模块组成。主控模块包括继电器控制、电流测量、总电压与绝缘检测和通信接口等电路，如图 2-2-12 所示。从控模块主要包括实现电压测量、温度测量、均衡管理、热管理和通信等功能的电路，如图 2-2-13 所示。

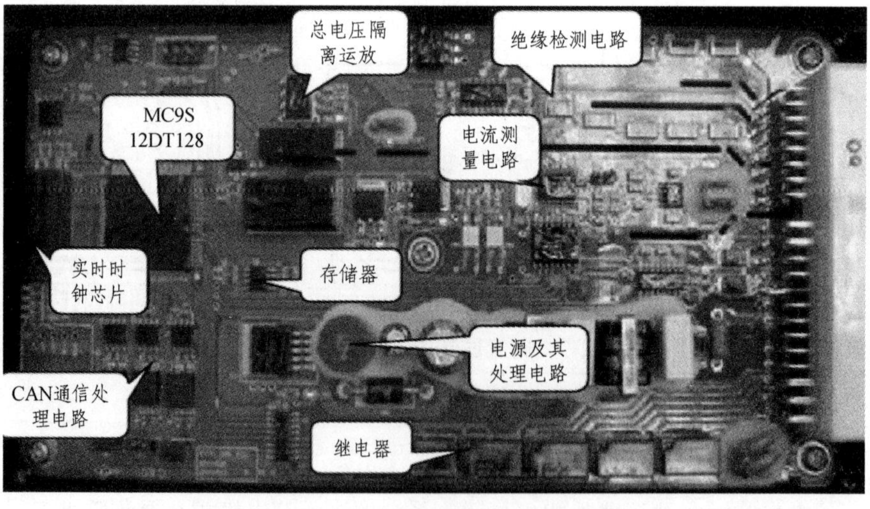

图 2-2-12　电池管理器的主控模块结构

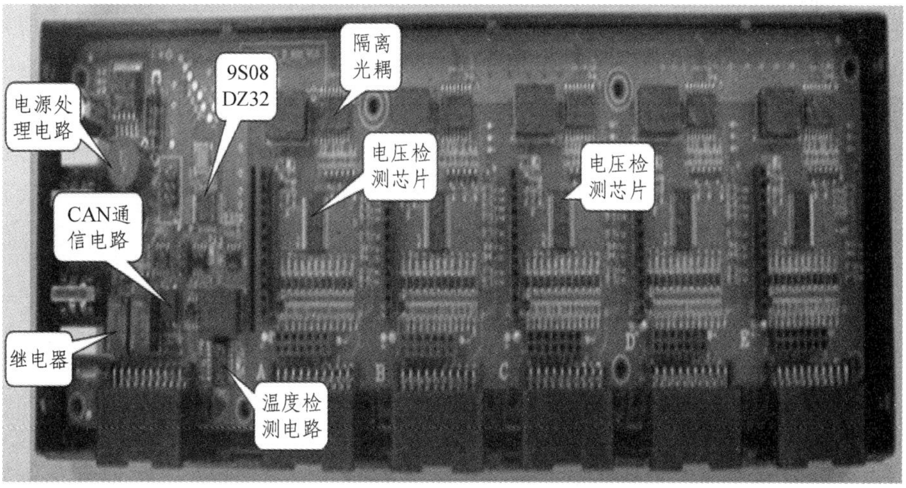

图 2-2-13　电池管理器的从控模块结构

（四）动力蓄电池管理器控制原理（工作模式）

电池管理器有 5 种工作模式，即下电模式、上电模式、放电模式、充电模式及故障处理模式。

1. 下电模式

下电模式是整个系统的低压与高压部分处于不工作状态的模式。在下电模式下，动力电池管理系统控制的所有高压继电器均处于断开状态。低压控制电源处于不供电的状态，只有动力电池内部控制器的低压常供电有静态维持电流。

2. 准备模式

准备模式时，系统所有的接触器均处于未吸合状态。当系统接收到外界启动钥匙 ON 挡的信号、整车控制器、电机控制器和充电插头开关等部件发出的硬线信号，或接收 CAN 报文控制的低压信号后，动力电池管理系统先进行初始化、自检，之后进入下一步——上电模式。

3. 上电模式

当电池管理系统自检合格后，检测到启动钥匙的高压上电信号后，系统将首先闭合主负继电器。由于驱动电机是感性负载，驱动电机控制器内部电路有大电容，为防止过大的电流冲击，负极接触器闭合后，先闭合与正极继电器并联的预充电阻和预充接触器，进入预充电状态。当电机控制器内电容两端电压达到母线电压的 90%时，立即闭合主正继电器，延迟 10 ms 后，断开预充接触器进入放电模式。

4. 充电模式

当电池管理系统检测充电唤醒信号时，系统即进入充电模式。在该模式下，主正、主负继电器闭合；同时为保证低压控制电源持续供电，DC/DC 直流转换接触器需处于工作状态。充电模式下，动力电池管理系统不响应启动钥匙发出的任何指令，只是以充电插件发出的充电唤醒信号作为充电模式的判定依据。

磷酸铁锂电池低温条件下的充电特性不好，从充电安全考虑，在进入充电模式之前会对系统进行一次温度判别。当电池温度低于 0 °C 时，系统进入充电预热模式，此时通过接通电池包内加热继电器向敷设在电池箱内的加热毯供电，对电池模组预热；当电池包内的温度高于 0 °C 时，系统可进入充电模式，即闭合主正、主负接触器。

5. 故障模式

故障模式是控制系统中较常出现的一种状态。由于动力电池高压的使用关系到使用者和维修人员的人身安全，因而动力电池管理系统对于各种工作模式采取“安全第一”的原则。电池管理系统对于故障的响应还需根据故障等级而定：当其故障级别较低时，系统可采取报错或发出轻微报警信号的方式告知驾驶人员；当故障级别较高，甚至伴随有危险时，系统将采取断开高压接触器的控制策略。

五、动力信息采集系统工作原理

比亚迪 e5 使用电池信息采集器（BIC）监控电池组传感器测量的数据和电池性能。通常情况下，数据被报告给电池管理器（BMC），然后 BMC 根据工作条件和驾驶员的需求，控制预充、主正、主负、分压接触器的断开与闭合，从而控制电池进行相应的充电或放电，如图 2-2-14 所示。

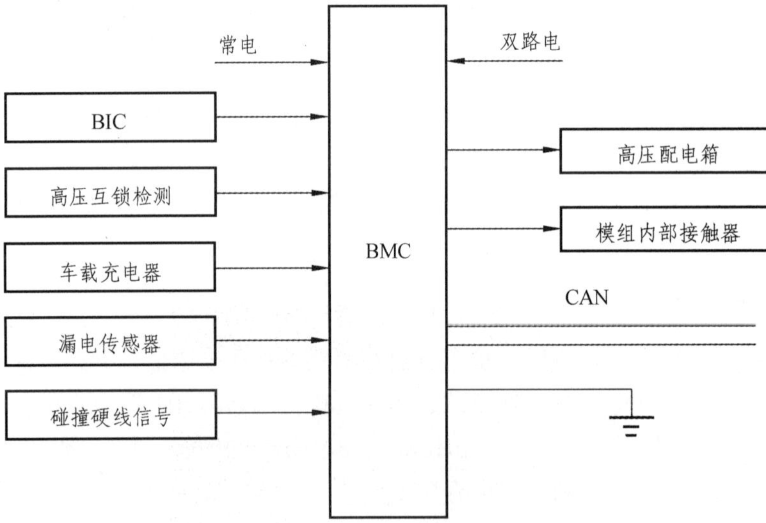

图 2-2-14　动力信息采集系统工作原理示意图

如果出现单体电池、电池模组或部分电路的电压变得不平衡，部分带充电系统的电动汽车还可以用 BIC 来帮助进行电池电压均衡。

实训项目 2.2　动力电池管理系统检修

一、工作准备

（1）分组，确定小组长，明确其组员分工。

（2）防护装备：安全用电装备等。

（3）能连接互联网的计算机或移动终端。

（4）专用工具、设备：万用表、内阻测试仪等。

（5）手工工具：常用工具套装。

（6）辅助材料：动力电池相关技术资料。

二、任实施务

1. 信息采集系统的自诊断检测

（1）打开电源开关，观察组合仪表并记录：电量是否充足、各故障灯是否点亮、OK灯是否点亮，然后关闭电源开关，如图 2-2-15 所示。

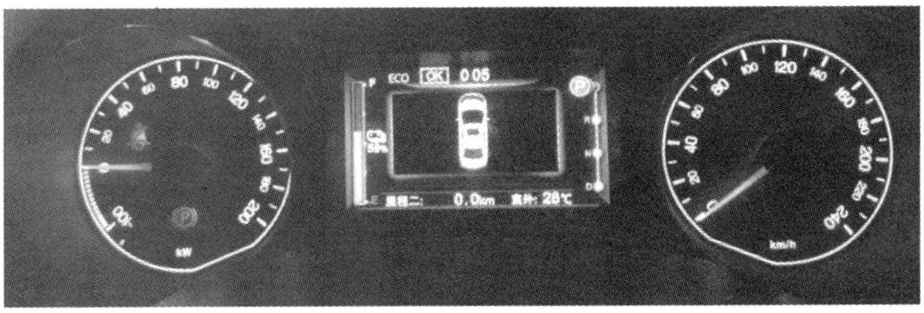

图 2-2-15　观察仪表信息

（2）将 MS908 故障诊断仪接入 OBD-Ⅱ诊断座中，如图 2-2-16 所示。

图 2-2-16　连接诊断仪

（3）打开诊断仪电源，打开车辆电源开关，进入该车系统进行自动扫描，清除故障码，经诊断该车无故障码存在，如图 2-2-17 所示。

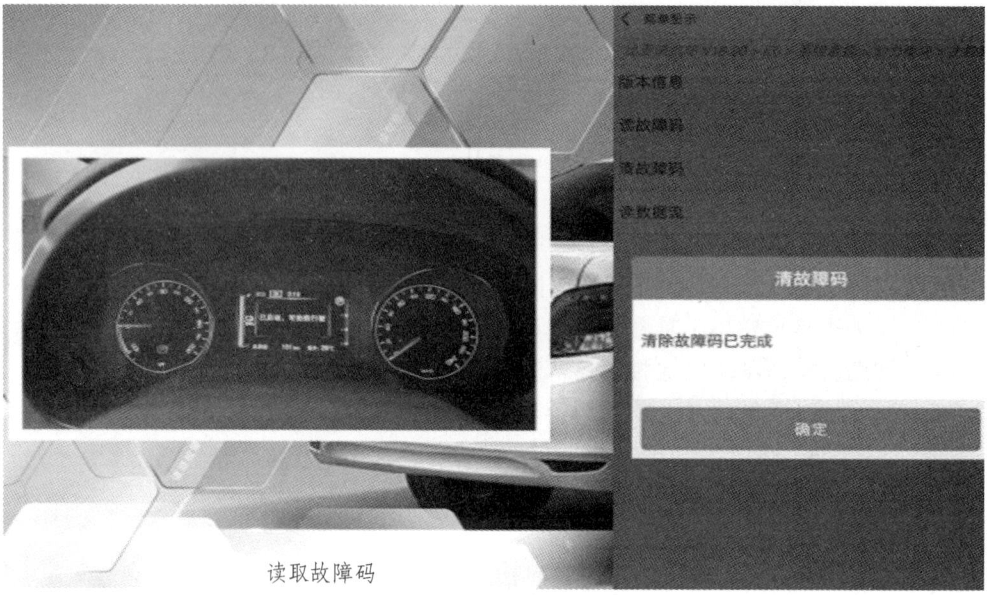

图 2-2-17　自诊断检测

（4）退出自动扫描，进入电池采集器（BIC）进行相关数据流读取并记录，结合数据流进行相关部位排查，如图 2-2-18 所示。

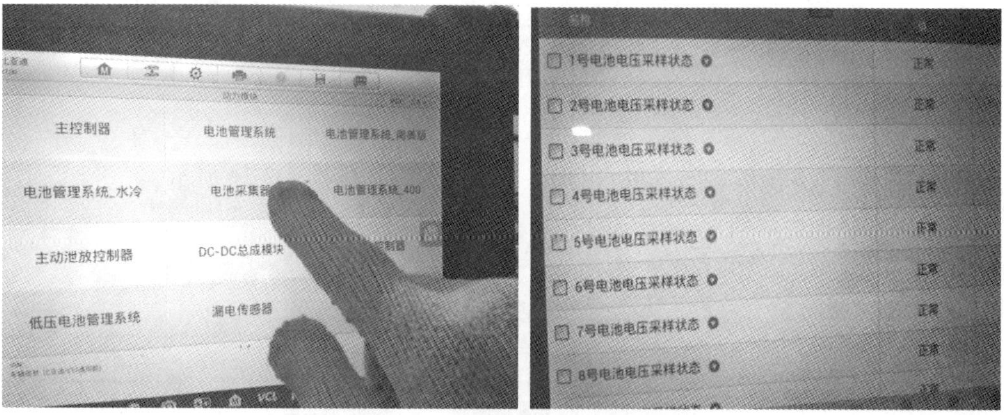

图 2-2-18　电池采集器（BIC）相关数据

（5）进入电池管理系统（BMS）进行相关数据流读取并记录，结合数据流进行相关部位排查，如图 2-2-19 所示。

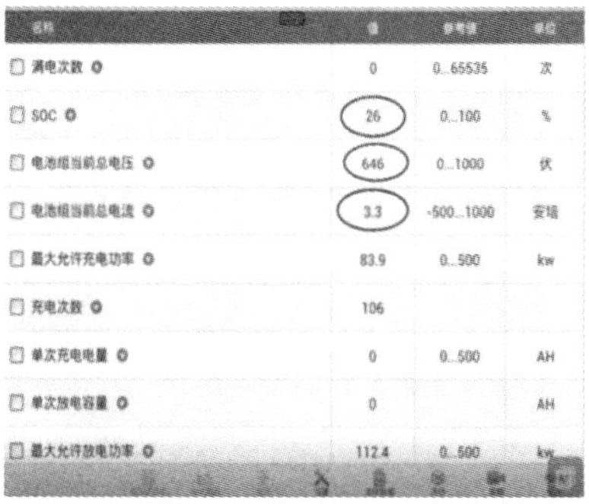

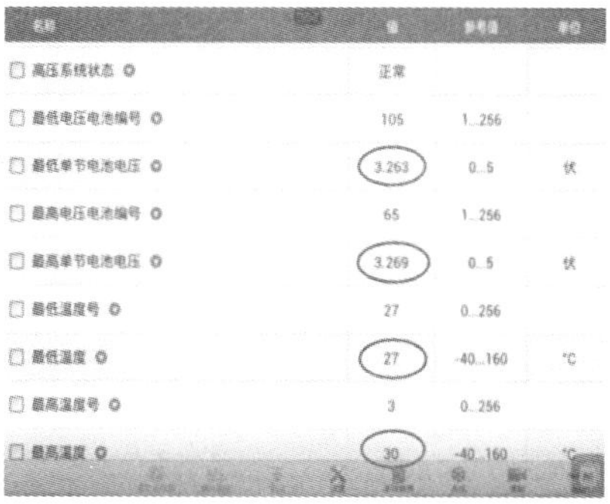

图 2-2-19　电池管理系统（BMS）相关数据

2. 采集线束及采样端子的检测

（1）查询电气原理图，红表笔接 BK45（A）-14 号端子，黑表笔接车身，经测量电压为 13.28 V，正常，如图 2-2-20 所示。

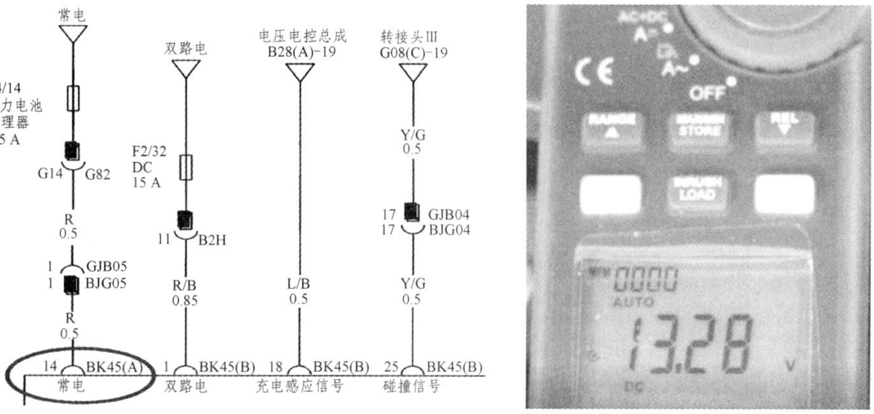

图 2-2-20　采集线束及采样端子检测更换步骤（1）（2017 款比亚迪 e5）

（2）查询电气原理图，红表笔接 BK45（B）-1 号端子，黑表笔接车身，经测量电压为 12.62 V，正常，如图 2-2-21 所示。

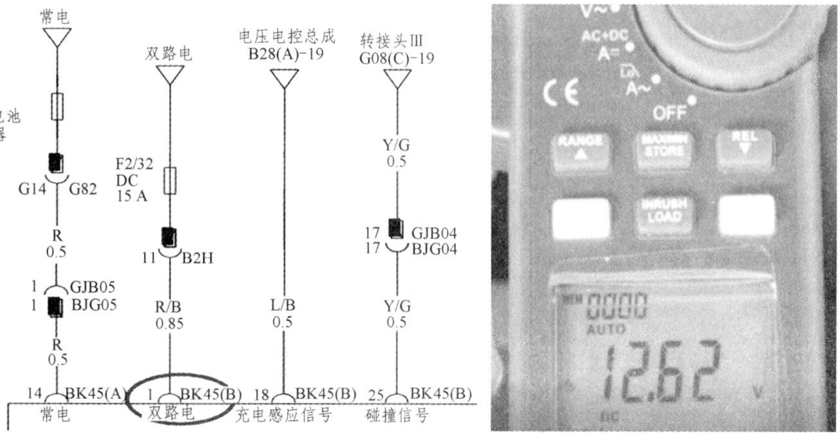

图 2-2-21　采集线束及采样端子检测更换步骤（2）（2017 款比亚迪 e5）

（3）查询电气原理图，红表笔接 KxK45（C）-7 号端子，黑表笔接 KxK45（C）-26 号端子，经测量电压为 12.94 V，正常，如图 2-2-22 所示。

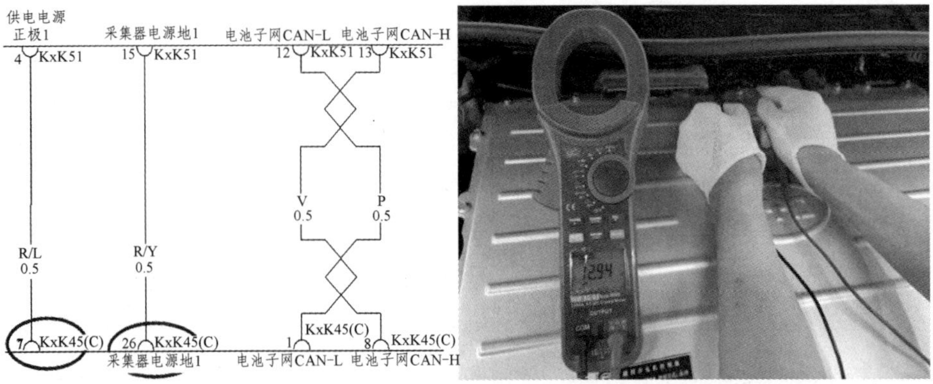

图 2-2-22　采集线束及采样端子检测更换步骤（3）（2017 款比亚迪 e5）

（4）查询电气原理图，红表笔接 KxK45（C）-26 号端子，黑表笔接车身，经测量电阻为 0 Ω，正常，如图 2-2-23 所示。

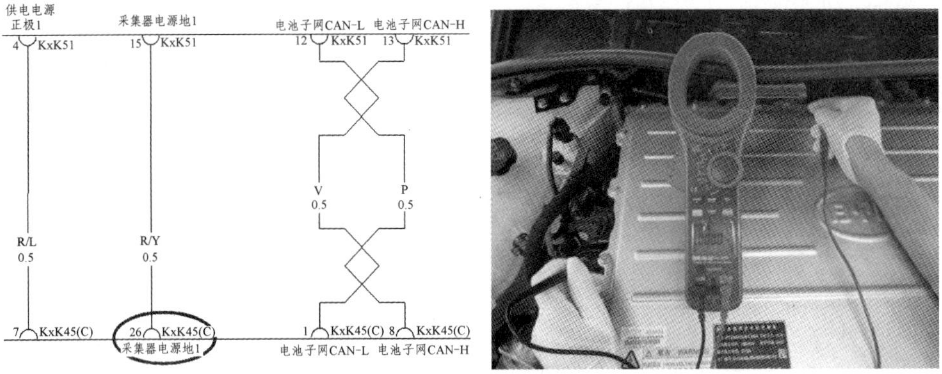

图 2-2-23　采集线束及采样端子检测更换步骤（4）（2017 款比亚迪 e5）

（5）查询电气原理图，测量电池子网 CAN-L KxK45（C）-1 号端子和 CAN-H KxK45（C）-8 号端子的电阻，经测量为 64.3 Ω，正常，如图 2-2-24 所示。

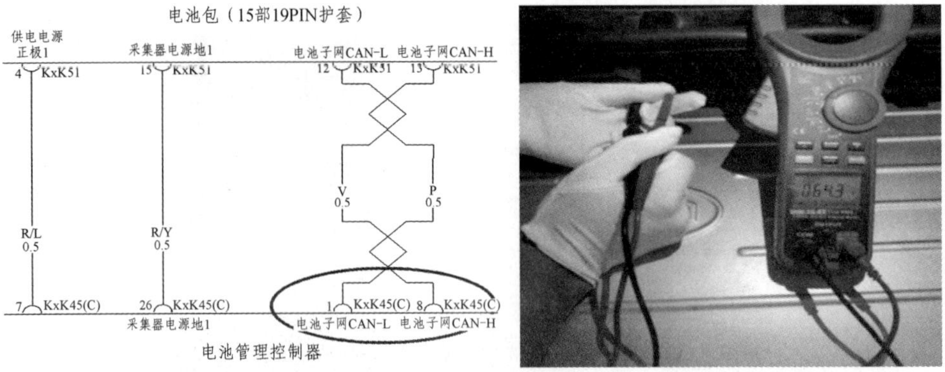

图 2-2-24　采集线束及采样端子检测更换步骤（5）（2017 款比亚迪 e5）

3. 采集器及采集线束的更换

以比亚迪秦动力蓄电池组采样线束的更换为例，具体操作步骤如下：

（1）关闭电源开关，拆卸后排座椅及靠垫，如图 2-2-25 所示。

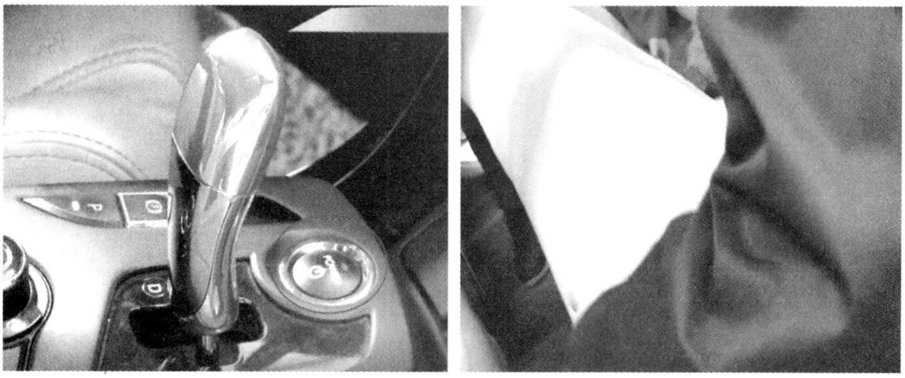

图 2-2-25　拆卸后排座椅及靠垫

（2）拔下座椅相关插接件，两人配合抬出座椅靠垫，如图 2-2-26 所示。

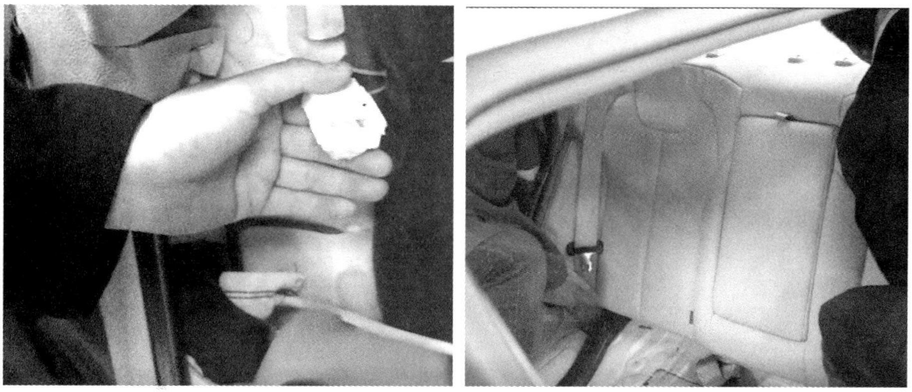

图 2-2-26　抬出座椅靠垫

（3）拔下维修开关，等待 3 min，如图 2-2-27 所示。

图 2-2-27　拔下维修开关

（4）打开行李舱盖，依次拆下行李箱的内护板，如图 2-2-28 所示。

图 2-2-28　拆下行李箱的内护板

（5）使用十字螺丝刀拆下动力电池包前后封板，如图 2-2-29 所示。

图 2-2-29　拆下动力电池包前后封板

（6）使用十字螺丝刀，拆卸电池组采样线束接头、4 颗固定螺栓，如图 2-2-30 所示。

图 2-2-30　拆卸电池组采样线束接头固定螺栓

（7）使用 7 mm 套筒、棘轮扳手，拆卸电池组采样线束、2 颗固定螺栓；依次拆下采样线束护板，如图 2-2-31 所示。

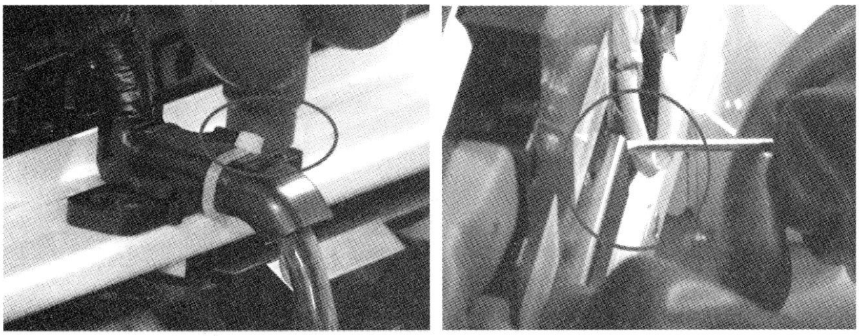

图 2-2-31　拆卸电池组采样线束固定螺栓及护板

（8）拆下电池组采样线束接插件，如图 2-2-32 所示。

图 2-2-32　拆下电池组采样线束接插件

（9）脱开有问题的信息采集器连接插头，拆卸并更换新的信息采集器，如图 2-2-33 所示。

图 2-2-33　信息采集器的拆卸

（10）安装新的电池组采样线束，按上面步骤先拆后装、后拆先装的步骤进行。新的电池采样线束如图 2-2-34 所示。

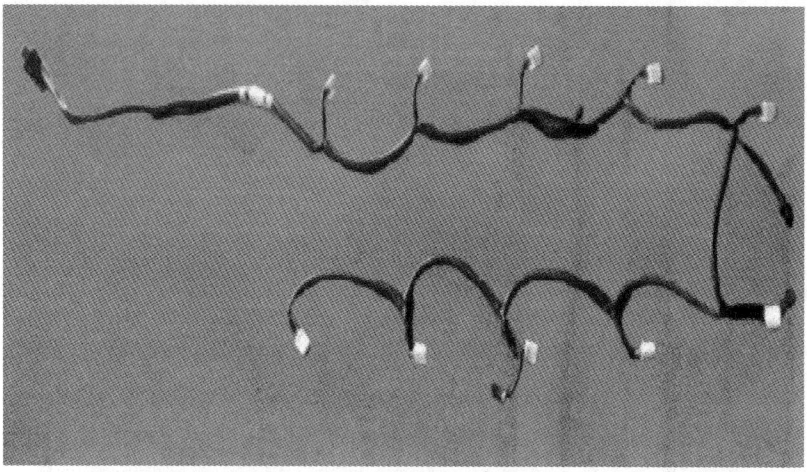

图 2-2-34　新的电池采样线束

4. 电池管理器的更换

以比亚迪 e5 电池管理器为例，更换步骤见表 2-2-1 所示。

表 2-2-1　比亚迪 e5（2018 款）纯电动车动力蓄电池管理器的更换

操作步骤	操作内容与要求	操作图示
步骤一：车辆防护	安装车内四件套、车外三件套、车轮挡块、拉隔离栏、放置安全警示牌	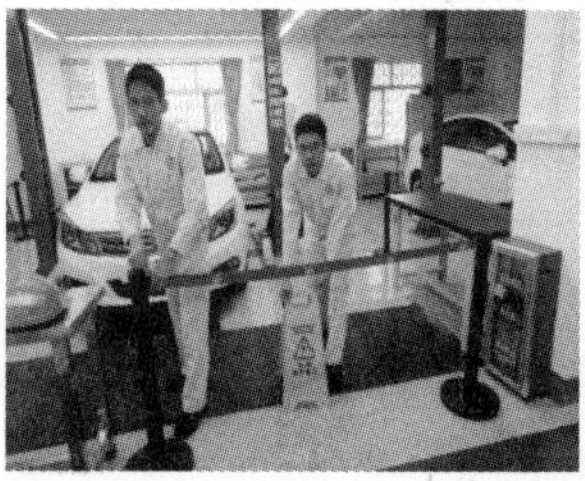 
步骤二：个人安全防护	检查和穿戴护目镜、安全帽、耐磨损手套、绝缘手套、绝缘鞋、工装	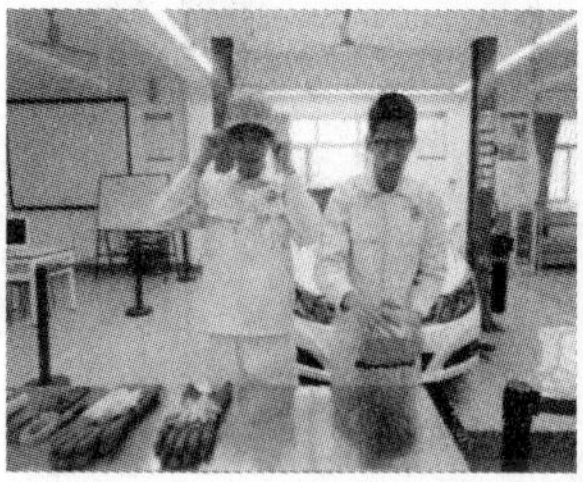 
步骤三：车辆下电	车辆下电	将车辆退电至 OFF 挡，等待 5 min

续表

操作步骤	操作内容与要求	操作图示
步骤四：断开蓄电池负极	拆下蓄电池负极，并对负极桩进行绝缘防护	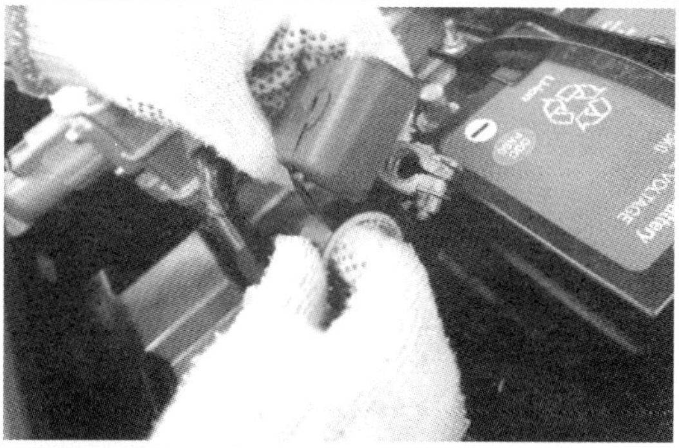
步骤五：拆卸 BMS 连接器	拔掉电池管理控制器上连接的动力电池采样线和整车低压线束的接插件，拔掉整车低压线束在电池管理控制器支架上的固定卡扣	
步骤六：拆卸 BMS 固定螺栓	用 10 号套筒或梅花扳手拆卸电池管理控制器的 3 个固定螺母	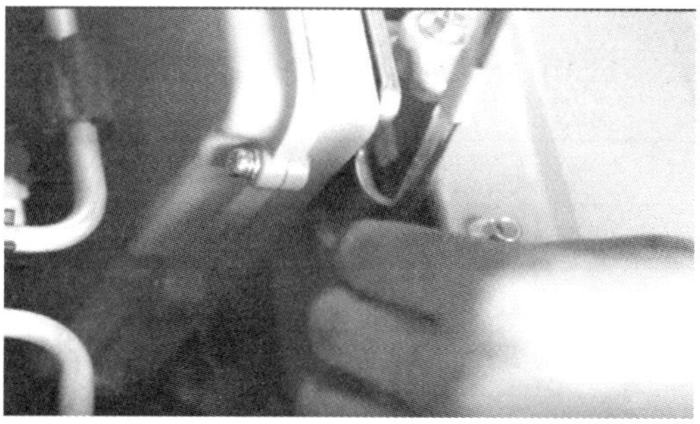
步骤七：更换新的 BMS 总成	更换电池管理器，插上动力电池采样线和整车低压线束的接插件	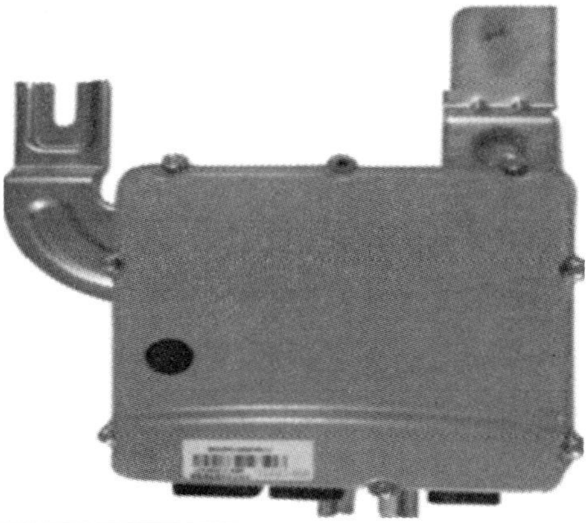

续表

操作步骤	操作内容与要求	操作图示
步骤八：电池管理系统参数标定	更换电池管理器时，根据原车电池包数据标定电池容量和 SOC	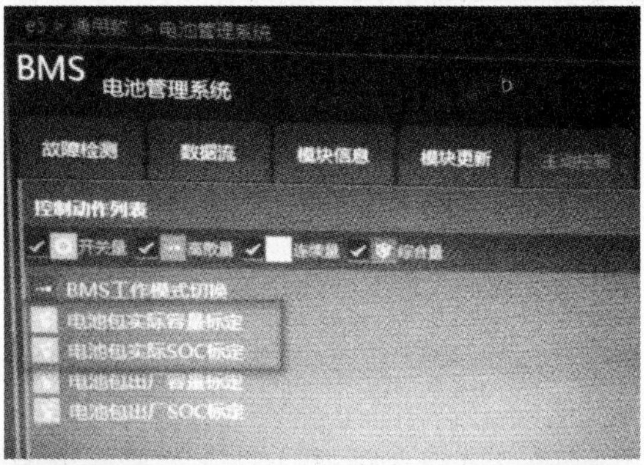
步骤九：整车上电确认	整车上电再次确认车辆恢复正常	

三、评价与反馈

考核项目	评分标准	分数	学生自评	小组互评	教师评价	小计
团队合作	是否和谐	5				
活动参与	是否积极主动	5				
安全操作	有无安全隐患	10				
现场 6S	是否做到	10				
任务方案	是否正确合理	15				
操作过程	按操作步骤完成并完成相关内容填写	30				
课题完成情况	是否圆满完成	5				
工具和设备使用	是否规范标准	10				
劳动纪律	是否严格遵守	5				
工单填写	是否完整规范	5				
总分		100				
教师签名				得分		

任务练习

1. 简述动力蓄电池信息采集系统的组成部件。
2. 简述信息采集线束及采样端子的检测步骤。

学习任务 2.3　动力电池的 SOC 评估

学习目标

1. 了解动力电池 SOC 的定义。
2. 掌握动力电池 SOC 评估的方法。
3. 熟悉动力电池 SOC 数据采集的形式。

一、BMS 的数据采集功能

数据采集功能主要包含电池电压采集、电流信号的监测、电池包温度的检测等。

电池管理系统最基本功能就是测量电池单体的电压、电流和温度，这是所有电池管理系统顶层计算、控制逻辑的基础。如图 2-3-1 所示，电池管理系统目前从电池这里获取的直接物理参数就只有电压、温度和电流。

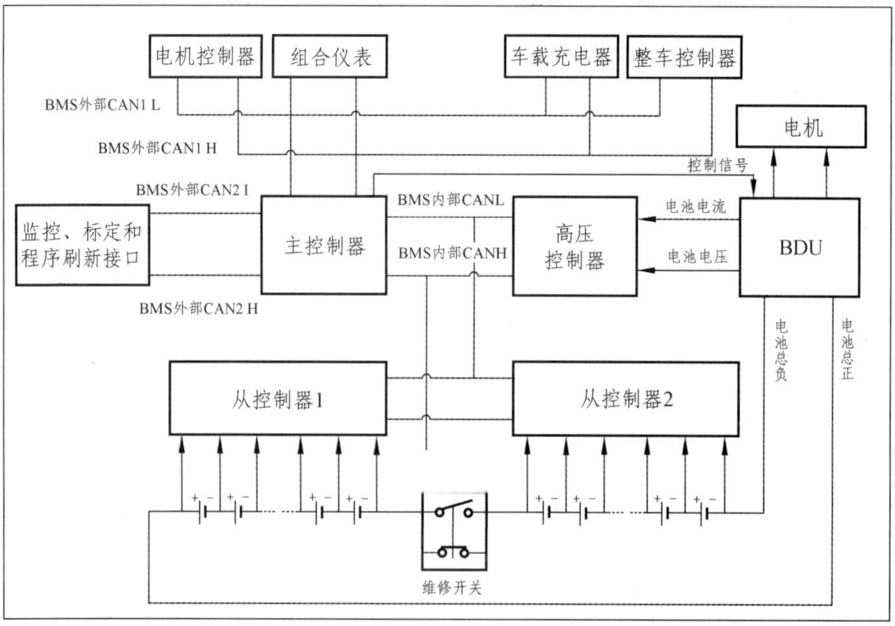

图 2-3-1　电池管理单元概览

（一）单体电压测量和电压监控

单体电压对于电池管理系统有几种意义，如图 2-3-2 所示，一是可以用来累加获取整个系统的电压；二是可以根据单体电压压差来判断单体差异性；三是可以用来检测单体的运行状态。单体电压的采集和保护目前都用专用集成电路（ASIC）来完成，而考虑采集电压的精度不仅仅需要考虑 ASIC 电路本身的精度，还需要考虑单体电压采样线束、线束保护用熔丝、均衡状态等多项内容。由于电压采集精度的敏感度与电池化学体系和 SOC 范围（SOC 两端的需求往往较高）都有关系，实际上 ASIC 采集得到的电压数据需要经过算法还原成接近电池本身的电压。

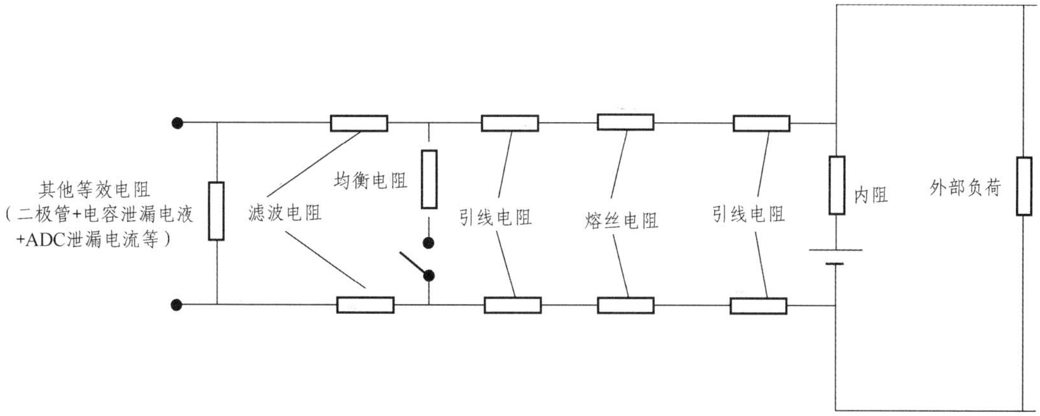

图 2-3-2　单体采集电路模型

（二）电池包电压测量

在后续计算 SOC 的时候，往往会用电池组的总电压来进行核算，这是计算电池包参数的重要参量之一。如果总电压由单体电压累加计量而成，由于电池单体电压采样有一定的时间差异性，没办法与电池传感器的数据实现精确对齐。因此，往往采集电池包电压作为主参数来进行运算。在诊断继电器的时候，是需要将电池包内外电压一起进行比较的，所以，一般测量电池包电压至少有两路：V_0 和 V_1，如图 2-3-3 所示。

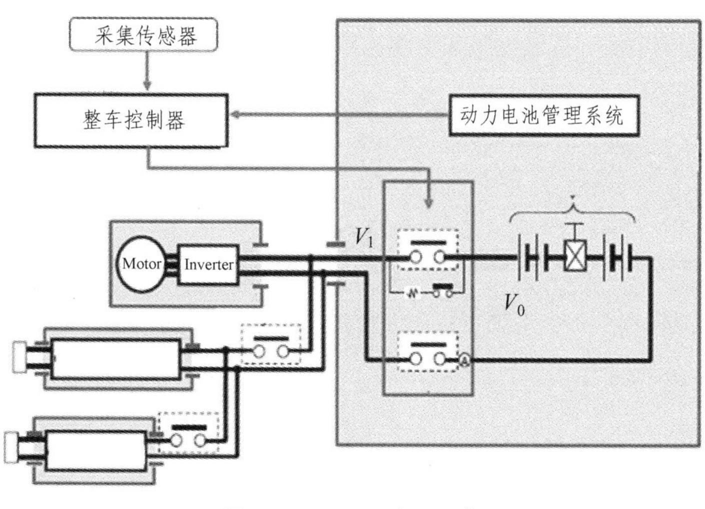

图 2-3-3　BMS 高压采集

由于这里牵涉到高压采集，需要进行隔离。一般有两种方法，光隔（AVGAO 的芯片方案）或者通过电阻分压，然后配置工作点，再加上汽车级运放所组成的仪表运放电路，如图 2-3-4 所示。

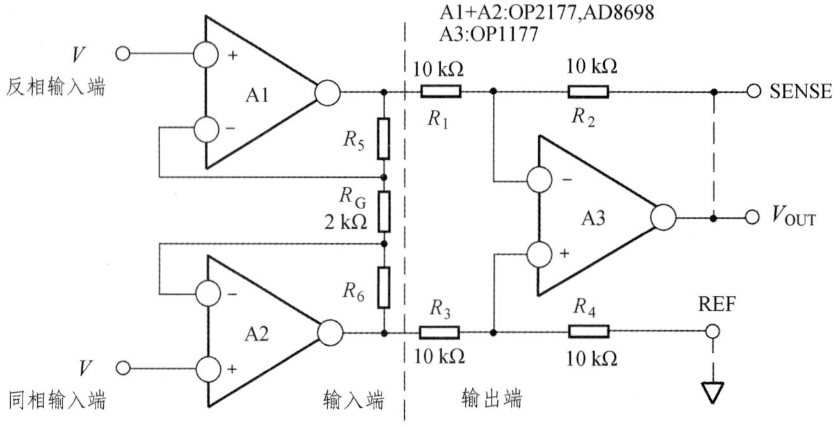

图 2-3-4　三级运放组成的仪表运放

（三）电池温度

如图 2-3-5 所示，温度对电池的参数有着很重要的意义，这也是容易引起争议的地方。在设计电池和模组的时候，电池内外的温度差异、电池极耳和母线焊接处、模组内电池温度差异和电池包内最大温度差，这些参数在设计整个电池包的时候都已经进行先期控制了。设计温度传感器的放置点，以及放置和采集多少温度点来表征整个电池包的运行情况，并不是 BMS 能管理的范畴。温度检测的精度也是颇有讲究的，如在 – 40 °C 的时候，检测精度不需要特别高，因为使用电池系统本身就需要加热；而在 – 10 ~ 10 °C 对电池性能有重大影响的区域，还有 40 °C 高温临近点，就是需要重点关心的区域。在设计过程中，可以用上拉电阻、滤波电阻和温度传感器本身的数值进行蒙特卡罗分析。

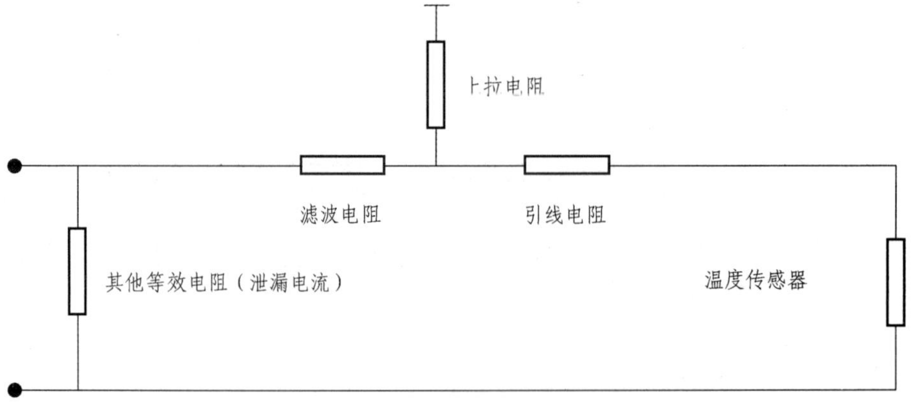

图 2-3-5　温度采集电路

需要注意的是，在一个电池包内放置太多的温度传感器并不是好主意，温度传感器太多不仅涉及诊断问题，还需要选取较多的高精度电阻，于成本无益。目前 ASIC 电路也会将温度采集的功能涵盖进去。

（四）电池包流体温度检测

电池管理系统在整个电池包热控制里面，一般的作用是汇报温度，以及检测流体入口和出口的温度，检测电路与单体检测类似。

（五）电流测量

电池包往往仅在单体这一层级做并联（最极端的是特斯拉小电池的 75 个并联），电池包内的单体串联给整车提供电能，所以一般只需要测量一个电流。电流测量手段主要分两种：智能分流器或霍尔电流传感器。由于电池系统需要处理的电流瞬时值往往很大，比如车辆加速所需要的放电电流和能量回收时候的充电电流，因此，评估测量电池包的输出电流（放电）和输入电流（充电）的量程和精度是一件需要仔细检查的工作。电流是引起单体温度变化的主要原因，作用于内阻，和化学发热一起构成了电池发热；电流变化的时候也会引起电压的变化，再加上时间，就构成核算电池状态的三项必备元素。

霍尔传感器一开始在日系混合动力车使用较多，现在渐渐用智能的分流器完成电压和电流的采样，通过串行总线传输，甚至可以在里面实现 SOC 的估算，如图 2-3-6 所示。

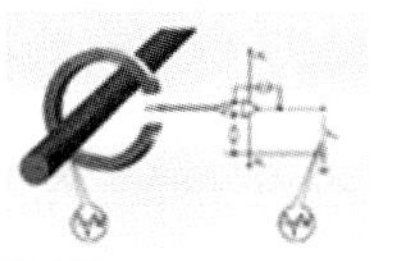	HALL开环电流传感器（汽车级）	无插入损耗 输出为电压信号 体积小，测量范围宽：一般可达额定值的3倍 成本低：结构和电路简单 损耗低	零点失调较大，增益有漂移 频带宽度：一般到50 kHz

图 2-3-6　两种电流传感器

二、电池 SOC 和 SOH 状态估计功能

（一）SOC 和 SOH 估计

如图 2-3-7 所示，电池系统中最核心也是最难的一部分是 SOC（电池剩余电量）和 SOH（电池充放电倍率）的估计。SOC 估算常见的有安时积分法（SOCI）和开路电压标定法（SOCV）。安时积分最大的问题是随着时间的推移误差会越来越大；开路电压标定的问题是电池需要在静置很长时间以后，开路电压对应的 SOC 才是准确的。以汽车在行驶的时候采集的电压来标定 SOC 是不准确的。在实际使用中，一般以 SOCV 为主辅以 SOCI，也有用到卡尔曼滤波法、神经网络法来提高 SOC 的计算，但受限于 MCU 的运算速度和能力，整个算法的复杂度是有限制的。

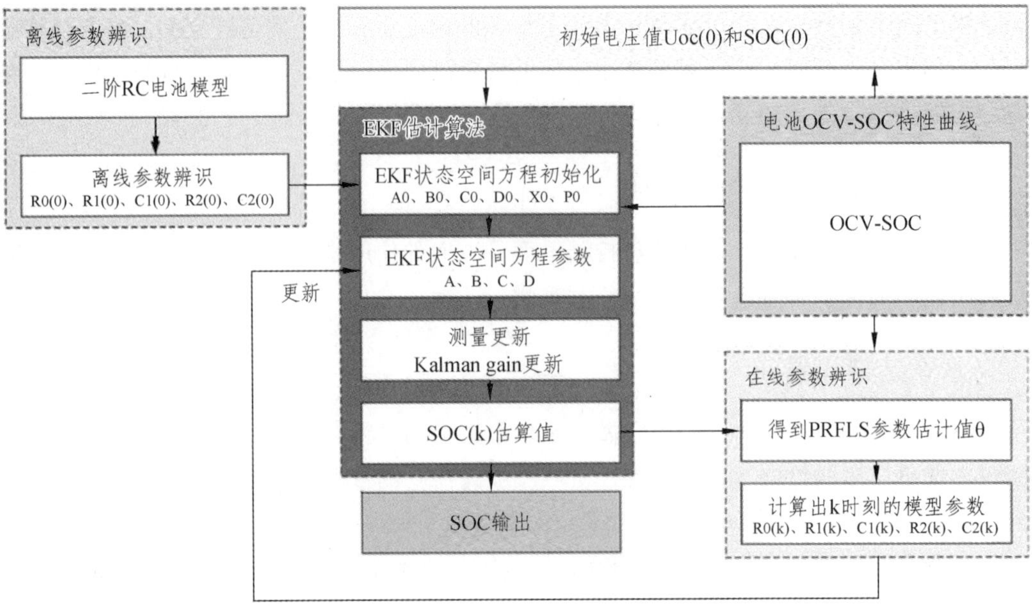

图 2-3-7　SOC 和 SOH 估算

为保证电动车的正常和安全行驶，电池管理系统必须实时监测电动车电池的电压数据，通过电压采集电路和 A/D 转换实现电压数据的获取。由于水桶效应的存在，串联电池组的整体性能取决于电池组中性能最差的单体电池（见图 2-3-8）。

图 2-3-8　动力电池水桶效应

为了能够对串联电池组的能量使用进行有效管理，需要实时监视串联电池组中的单体电池状态。在表征电池状态的参数中，单体电池端电压最能体现其工作状态，是对电动汽车电池充放电方式选择、剩余电量计算、运行状态评估和对电池好坏分析的基本依据之一。同时，为了避免电池的不均衡性带来的局部过充/过放所引起的安全问题，要求电池管理系统必须对每个单体或几个单体电压进行精确测量。

（二）广义的剩余电量

电池中电荷的剩余量，即剩余电量（Qremain），指的是从当前时刻起，某个电池内部通过化学反应所能释放出来的电荷量。可以类比于杯子里所装的水，其余量可以由杯子所能倒出的水的多少来反映。剩余电量可以用“安时”（A·h）为计量单位。

广义地说，剩余电量应该是所有可能发生的化学反应释放出来的电荷量的体现。这里所说的“所有”，指的就是在不损坏电池的前提下，选择适当的温度和放电倍率所能放出的电荷的最大值。

（三）狭义的剩余电量

狭义的剩余电量指的是在限定的温度条件和放电倍率下，电池所能放出的电荷的多少。例如，在比较低的温度下，水杯里有一部分的水结冰冻住了，剩余量就是那些还没结冰的能够倒出来的全部液态水。可见，狭义的剩余电量应该是温度和放电倍率的因变量。

三、影响电池 SOC 的主要因素

（1）充放电电流的大小对电池 SOC 的影响。

（2）温度对电池 SOC 的影响。

（3）自放电对电池 SOC 的影响。

除上述几种因素外，还有其他一些因素会影响电池的 SOC，如电池内阻、电池初始 SOC 状态、电池内压、电池的一致性等。

四、SOC 的校正

在目前的应用中，对 SOC 精度要求比较低的管理系统一般可以采用简单的开路电压法测量，而对 SOC 精度要求比较高的系统，通常选择库伦计量法。库伦计量法关键是应用过程中的校正，目前常用的方法是采用电压校正与开路电压法相结合的方式，使检测精度有所提高。

（一）开路电压校正

开路电压校正是指利用开路电压法或者应用工况中充放电电流比较稳定的时间段的系统的电压情况来进行校正。

（二）温度影响的校正

SOC 的判定依靠电压、内阻、充电效率等参数，而温度对这些参数有显著影响。表 2-3-1 所示为在混合电动汽车应用中某一类 Ni/MH 电池的温度校正系数。温度校正系数可以通过试验方法来确定。

表 2-3-1 Ni/MH 电池充放电温度修正系数

序号	温度范围/°C	校正系数 K_T/°C	序号	温度范围/°C	校正系数 K_T/°C
1	<−30	0.75	5	30～50	0.85
2	−30～−20	0.8	6	50～65	0.6
3	−20～0	0.88	7	65 °C 以上	0.55
4	0～30	1			

（三）自放电校正

各类电池的自放电是不相同的，即使同一类型的电池，不同厂家生产的电池自放电也是不一样的。自放电的校正可以根据实际测试结果来进行。一般在部分荷电状态下（50%～60%，尤其对于混合电动汽车应用），常温下搁置一定时间（4～7 天）计算其自放电率。测量不同温度下的自放电情况来进行校正。

实训项目 2.3　动力电池 SOC 数据读取

一、工作准备

（1）分组，确定小组长，明确其组员分工。
（2）防护装备：安全用电装备等。
（3）能连接互联网的计算机或移动终端。
（4）专用工具、设备：万用表、新能源汽车解码器等。
（5）手工工具：常用工具套装。
（6）辅助材料：动力电池相关技术资料。

二、任实施务

读取仪表中 SOC 显示数据的步骤如下：

（1）打开电源开关，观察组合仪表并记录：SOC 显示数，以及各故障灯是否点亮、OK 灯是否点亮，然后关闭电源开关，如图 2-3-9 所示。

图 2-3-9　记录组合仪表 SOC 数据

（2）将道通新能源汽车专用解码器接入 OBD-Ⅱ诊断座中，如图 2-3-10 所示。

图 2-3-10　连接诊断仪

（3）进入电池管理系统（BMS）进行相关 SOC 数据读取并记录，同时记录其相关数据流，如图 2-3-11 所示。

图 2-3-11　电池管理系统（BMS）相关数据

（4）将新能源汽车解码器读取的数据填写在表 2-3-2 中。

表 2-3-2

组合仪显示 SOC 值	解码器读到 SOC 值	动力电池总电压值/V	单体最高电压值/V	单体最低电压值/V	动力电池温度/°C

三、评价与反馈

考核项目	评分标准	分数	学生自评	小组互评	教师评价	小计
团队合作	是否和谐	5				
活动参与	是否积极主动	5				
安全操作	有无安全隐患	10				
现场 6S	是否做到	10				
任务方案	是否正确合理	15				
操作过程	按操作步骤完成并完成相关内容填写	30				
课题完成情况	是否圆满完成	5				
工具和设备使用	是否规范标准	10				
劳动纪律	是否严格遵守	5				
工单填写	是否完整规范	5				
总分		100				
教师签名				得分		

任务练习

1. 动力电池 SOC 的定义是什么?
2. 影响电池 SOC 的主要因素有哪些?
3. 动力电池的“水桶效应”是什么?

学习任务 2.4　动力电池的均衡控制

学习目标

1. 了解 BMS 均衡控制功能。
2. 掌握均衡控制管理及其意义。
3. 熟悉均衡充电方法。

一、均衡控制管理及其意义

车用动力电源系统是由多个单体电池串联组成，以满足所需电压和功率要求。在实际使用中，由于单体电池之间的差异，电池组的容量只能达到最弱的电池的容量。在串联电池组中，虽然通过单体电池的电流相同，但是由于其容量不同，电池的放电深度也会不同，容量大的总会欠充欠放，而容量小的总会过充过放，这就造成容量大的衰减缓慢、寿命长，容量小的衰减加快、寿命缩短，两者之间的差异会越来越大，最终小容量电池的失效会导致电池组的提前失效。均衡的基本目的是“削峰填谷”，即在充电、放电或搁置过程中，通过外加电路对电池充放电电流的调节，让应用过程中电池的电压达到较好的一致性，提高车辆的续航里程和电池组的使用寿命。

二、BMS 的均衡控制功能

为了平衡电池组中单体电池的容量和能量差异，提高电池组的能量利用率，在电池组的充放电过程中需要用到均衡电路，如图 2-4-1 所示。

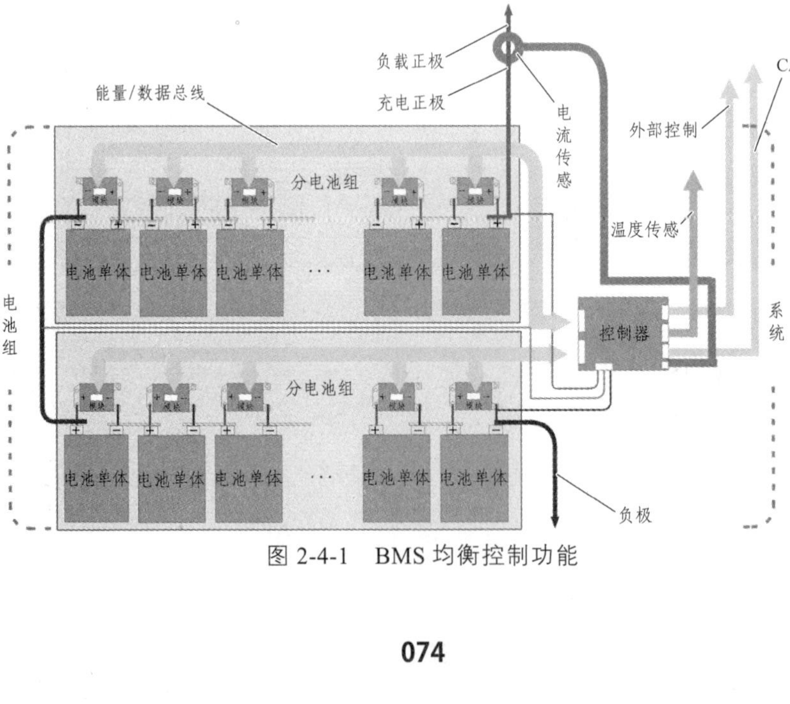

图 2-4-1　BMS 均衡控制功能

根据均衡过程中对所传递能量的处理方式的不同，均衡电路可以分为被动均衡（passive balancing）和主动均衡（active balancing）。

能量耗散型均衡主要通过令电池组中能量较高的电池利用其旁路电阻进行放电的方式损耗部分能量，以期达到电池组能量状态的一致。这种均衡结构以损耗电池能量为代价，并且由于生热问题导致均衡电流不能过大，适用于小容量电池系统以及能量能够及时得到补充的系统，如混合动力汽车。宝马公司 ActiveE 混合动力汽车即采了由 PrehGmbH 公司提供的带有能量耗散式均衡系统的 BMS。

1. 被动均衡技术

被动均衡策略的典型代表为电阻分流均衡策略，其均衡过程是将串联蓄电池组中能量较高的单体蓄电池中的能量通过电阻转化成热能，最终实现串联蓄电池组中各单体蓄电池能量的一致，如图 2-4-2 所示。

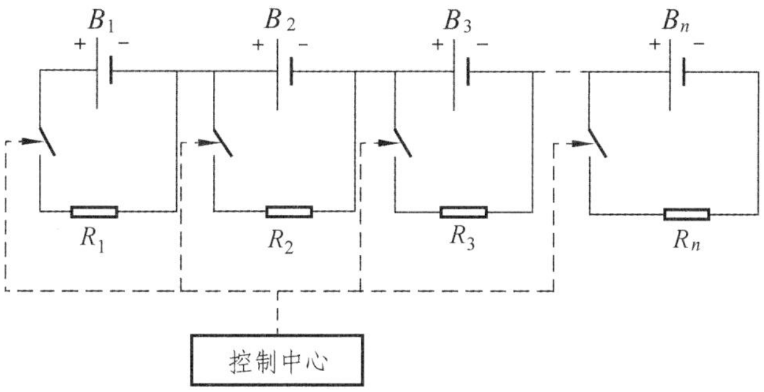

图 2-4-2　电阻分流的被动均衡策略

2. 主动均衡策略

图 2-4-3 所示为主动均衡策略中应用最多的电容均衡策略，它只需要一个电容作为能量转移的载体，同时均衡过程还需要电压检测电路的参与。其工作流程为：控制中心从串联蓄电池组中检测能量过高的单体蓄电池，控制其两端开关闭合将能量传递给电容，电容充电之后将断开电压过高的单体电池，闭合电压过低的单体电池与电容连接，电容器给低压单体充电，经过若干周期进而将电荷转移至能量过低的单体蓄电池中。该策略结构相对复杂，但是均衡电路体积小，均衡速度快。图 2-4-4 所示为主动均衡与被动均衡技术对比。

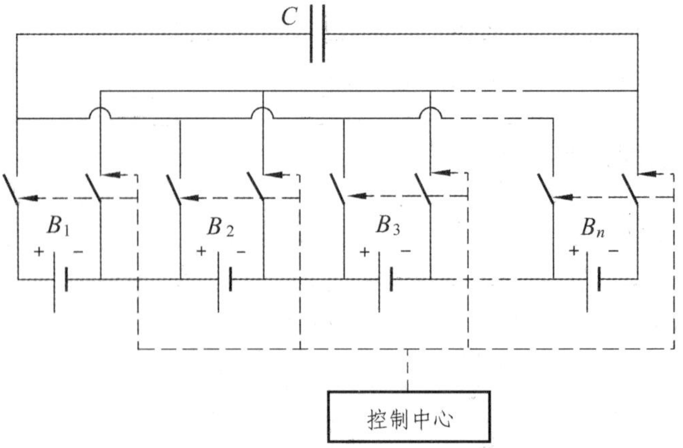

图 2-4-3　单电容均衡策略电路

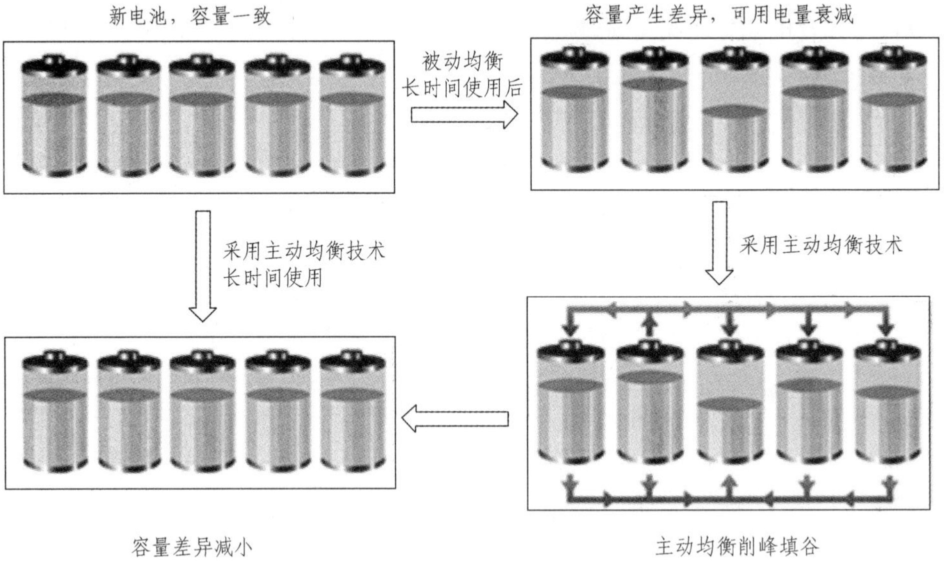

图 2-4-4　主动均衡与被动均衡技术对比

三、均衡控制管理的难点

均衡控制管理能使电池均匀地衰老，从而使得 SOH 的一致性提高。

SOH 的不一致对于电池管理系统来说是不利的，它将给原本就困难的电池剩余电量（或 SOC）的评估带来更大的挑战，也将影响电池组的优化充电管理策略的实施。为了使电池组内各个电池的 SOH 一致性得到提高，要尽可能使那些影响电池衰老的因素对于各个单体电池而言是公平的；通过实施均衡控制管理，保证各单体电池的放电深度一致，是使得电池均匀衰老的有效手段。实施均衡控制管理，使电池在工作过程中放电深度保持较好的一致性，不仅可以提高电池组的整体循环寿命，还可以使整个电池组均匀衰减，每个电池的 SOH 较为接近。

（1）每个电池的荷电状态（SOC）SK 的评估是困难的。

（2）获取每个电池的容量 CK 也是困难的。

四、均衡控制管理的分类

电池均衡控制管理的方法多种多样，而且新方法层出不穷，对这些均衡控制管理的方法进行分类是比较困难的，因为采用不同的分类标准将导致不同的分类结果。下面尝试采用表格的形式把常见的一些分类标准以及相应的类型进行归纳（见表 2-4-1）。

表 2-4-1　均衡控制管理的分类

序号	分类标准	主要类型
1	按均衡电路的拓扑结构分类	集中式均衡、分布式均衡
2	按均衡的作用过程分类	放电均衡、充电均衡、双向均衡
3	按是否对电池所带的电荷进行保护的角度分类	耗散型均衡、非耗散型均衡
4	按均衡控制的触发时机分类	主动均衡、被动均衡

实训项目 2.4　动力电池均衡充电

一、工作准备

（1）分组，确定小组长，明确组员分工。

（2）防护装备：安全用电装备等。

（3）能连接互联网的计算机或移动终端。

（4）专用工具、设备：均衡充电机、万用表、新能源汽车解码器等。

（5）手工工具：常用工具套装。

（6）辅助材料：动力电池相关技术资料。

二、任实施务

单体电压是直接测量值，可以实时在线测量，这使其成为衡量系统电芯一致性水平的有利条件。不但如此，常见 BMS 管理策略中，把单体电压值作为触发条件的情况还有放电终止条件、充电终止条件等。由于该参数的重要性，单体电压一致性差异过大，会直接限制电池包充电电量和放电电量。基于此，人们用电池均衡方法解决已经处于运营状态的电池组单体电压差异过大的问题，以提高电池组容量。从而也就可以作出“均衡手段延长了续航里程，延长了电池使用寿命”之类的推论。图 2-4-5 所示为动力电池均衡充电示意图。

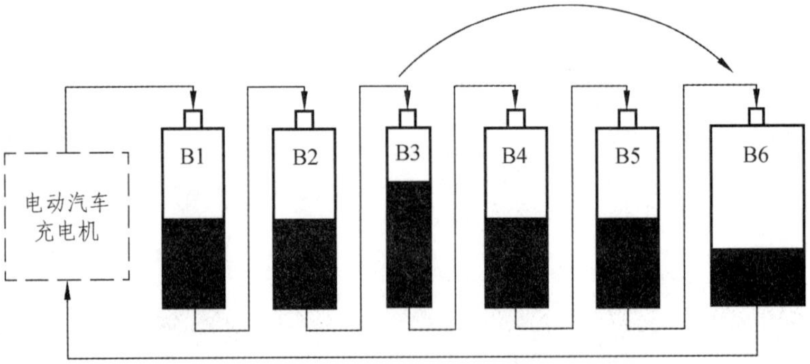

图 2-4-5　动力电池均衡充电示意图

实现对串联锂电池组的各单体电池进行均充，均衡充电方法有以下 6 种。图 2-4-6 所示为动力电池均衡充电机。

（1）在各单体电池上加一个并联均衡电路，以达到分流作用。当某个电池先充满时，均衡装置能阻止其过充并将多余的能量转化为热能，并继续对未充满的电池充电。该方法简单，但能量损耗大，不适合快充系统。

图 2-4-6　动力电池均衡充电机

（2）充电前对每个单体逐一通过同一负载放电至同一水平，再进行恒流充电，以确保单体之间处于较为准确的均衡状态。然而，单体间由于物理差异，深度放电后难以达到完全一致的理想效果，充放电过程中会再一次出现新的不均衡现象。

（3）对单体电池进行定时、定序、单独的检测及均匀充电。当锂电池组充电时，能保证每个电池不会发生过充放电的情况，即处于正常工作状态。

（4）运用分时原理，通过开关组件的控制和切换，使额外的电流流入电压相对较低的电池中以达到均衡充电的目的。该方法效率比较高，但控制比较复杂。

（5）以各电池的电压参数为均衡对象，使各电池的电压恢复一致。均衡充电时，电容通过控制开关交替地与相邻的两个电池连接，接受高电压电池的充电，再向低电压电池放电，直到两电池的电压趋于一致。该方法较好，主要用在电池数量较少的场合。

（6）单体电池模块根据设定程序，对各单体电池分别进行充电管理，充电完成后自动断开。该方法比较简单，但成本较大以及增加系统体积。

三、评价与反馈

考核项目	评分标准	分数	学生自评	小组互评	教师评价	小计
团队合作	是否和谐	5				
活动参与	是否积极主动	5				
安全操作	有无安全隐患	10				
现场 6S	是否做到	10				
任务方案	是否正确合理	15				
操作过程	按操作步骤完成并完成相关内容填写	30				
课题完成情况	是否圆满完成	5				
工具和设备使用	是否规范标准	10				
劳动纪律	是否严格遵守	5				
工单填写	是否完整规范	5				
总分		100				
教师签名				得分		

任务练习

1. 什么是动力电池管理系统中的均衡控制管理？其意义是什么？
2. BMS 的均衡控制功能是什么？
3. 动力电池管理系统中被动均衡技术与主动均衡技术有什么区别？
4. 实现对串联锂电池组的各单体电池进行均匀充电的方法有哪几种？

项目3 新能源汽车动力电池安全保护

概 述

作为纯电动汽车的唯一能量来源和混合动力汽车的重要能量来源，动力电池系统的安全性显得尤为重要，稍有不慎即可能成为事故的源头，造成严重危害。动力系统的安全保护功能是通过BMS来实现的。对动力电池的安全管理是电池管理系统的重要功能。

对电池组的安全管理是管理系统在对电池组的故障诊断的基础上实现的。电池管理系统根据电池的单体电压、总电压、电流和温度等信息对电池运行状态进行评估和预测，判断电池故障状态，并生成故障码，通过总线发送到整车控制器和显示仪表。

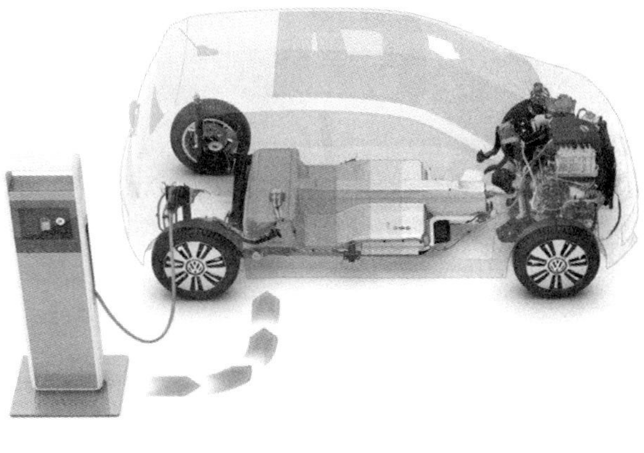

学习任务 3.1　电池的安全保护功能

学习目标

1. 掌握动力电池的特性。
2. 掌握动力电池的安全保护功能。

一、动力电池系统安全分析

（一）动力电池系统的安全特征

动力电池系统作为高能量载体，在不需要外部能量输入的情况下，本身就能够因能量非正常释放而产生巨大破坏力。

能量非正常释放的表现形式有两种：电能释放（电击）和化学能释放（燃烧、爆炸）。

燃烧过程中的能量转化是化学能转化为热能、光能等，而爆炸过程则是化学能转化为热能、光能，并伴有巨大的机械能。图 3-1-1 所示为能量非正常释放的表现形式。

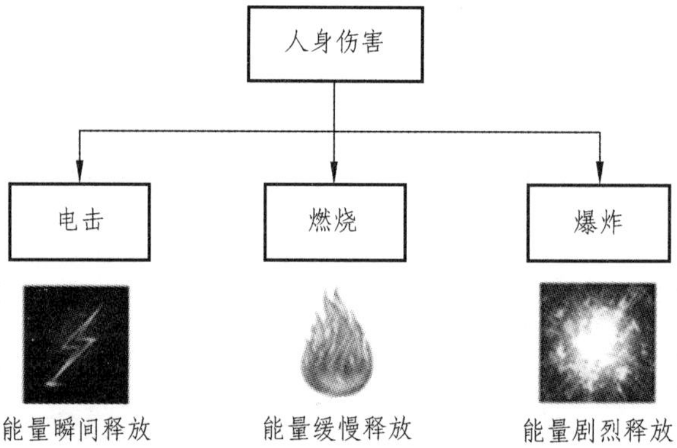

图 3-1-1　能量非正常释放的表现形式

1. 动力电池系统的电特性

（1）输出电压通常高达 300 V 以上（直流 60 V 以上为非安全电压）。

（2）存储的能量达到 kW · h 级别（1 kW · h = 3.6 MJ）。

2. 动力电池系统的化学特性

（1）电池单体中的电解液和系统中的塑料部件是可燃物，金属铝在高温下也会燃烧。

（2）电池单体中的正负极材料是氧化剂。

（3）电池单体中的放热副反应会引起温度快速上升，成为火源。

3. 动力电池系统的机械特性

（1）为了防水防尘，呈空间密闭状态。

（2）为了经受强烈的机械载荷，壳体材料具有足够的强度。

（二）电击分析

动力电池系统为非安全电压的直流电系统，所造成的电击危害为人体直流触电。

1. 构成直流触电的基本要素

（1）电压等级超过安全电压标准（直流 60 V）。

（2）存储的电荷达到一定能量等级（几百焦耳的电能足以致命）。

（3）人体与高压直流电的两极构成放电回路。

2. 导致动力电池系统发生触电的可能原因

（1）外壳或高压端口的接触防护失效，人体同时接触到 2 个裸露的电极，构成放电回路。

（2）正负极与壳体的绝缘都失效，动力电池系统的外壳不同部位带电且电位不等（电位差大于 60 V），人体同时接触到这 2 个带电部位，构成放电回路。

第一种情况的发生概率和危害要高于第二种情况，如安装、拆卸、维护、充电时均有可能发生；第二种情况一般可以通过等电位的方式来做附加防护。

（三）燃烧和爆炸分析

导致动力电池系统发生燃烧或爆炸的可能原因：

（1）电芯的放热副反应导致热失控，引燃电解液、隔离膜和其他可燃物质。

（2）局部连接阻抗过大，导致温度上升，达到着火点温度，引燃动力电池包内部的可燃物质。

（3）动力电池包外部发生火灾，导致动力电池包温度持续上升，达到着火点温度，引燃内部的可燃物质。

针对电动汽车的使用情况，第一种情况的发生概率最高，危害最大。电芯的放热副反应导致热失控，是动力电池系统发生燃烧或爆炸的主要原因。

二、动力电池的安全保护功能

动力电池安全性的问题概括起来叫动力电池热失控，也就是电池受热到一定温度之后就不可控了，温度直线上升，超过 500 °C 后就会燃烧爆炸。

动力电池热失控原因：① 过热引起动力电池热失控；② 电触发引起动力电池热失控；③ 碰撞引起动力电池热失控。

电源系统的安全保护功能是通过 BMS 来实现的。图 3-1-2 所示为 BMS 的安全保护功能结构图。

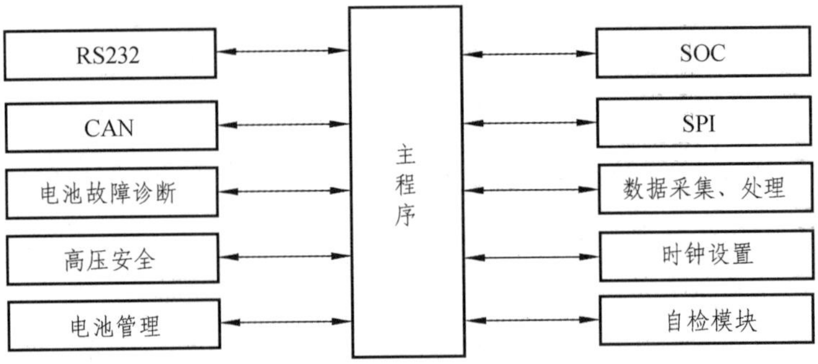

图 3-1-2　BMS 的安全保护功能结构

对动力电池的安全管理是电池管理系统的重要功能。安全管理功能主要包括以下几方面：在车辆维护的状态下切断电池系统电源；在车辆维护的状态下能释放动力电子器件的电容电压；在车辆故障或发生碰撞时能及时切断电池系统电源；充放电参数控制；电池电量的计算与故障诊断；在系统漏电、欠压、过压、高温等情况下通知整车或进行处理；通过高速网络能与其他控制器通信。

（一）诊断功能

管理系统开机前应首先进行自检，主要检测各项功能模块是否工作正常，以及电池组是否异常。自诊断功能为分析系统的状态提供有效的支持。系统可以通过控制单元的通信接口将数据发送给计算机，采用命令方式实现。具体功能如图 3-1-3 所示。

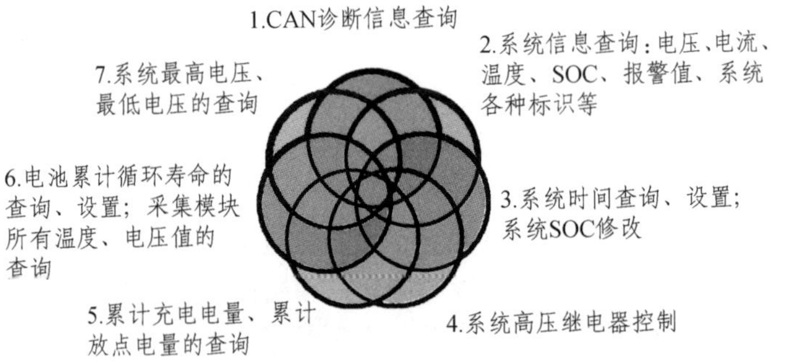

图 3-1-3　诊断功能图

（二）电气控制

电气控制保护主要是在电池及电源系统的过压、欠压、过流等状态下进行保护控制，避免电池因这些原因造成损坏或出现安全事故，以及预测电源系统的 SOC 为整车提供运行策略。电气安全控制的另一项主要功能是漏电保护控制，防止高电压和高电流的泄漏。

1. 过流保护

过流保护有时也被称为过电流保护，指在充、放电过程中，如果工作电流超过了安全阈值，则应该采取相应的安全保护措施。

动力型的磷酸铁锂电池一般都支持 1C 倍率持续充、放电。例如，一个标称 100 A·h 的磷酸铁锂电池，允许持续使用 100 A 的电流对其进行充电或放电。

大多数的磷酸铁锂动力电池都支持短时间的过载放电，能在汽车起步、提速过程中提供较大的电流以满足动力性能的要求。但不同厂家、不同型号的动力电池所支持的过载电流倍率、过载持续时间是不一致的。例如，某型号的动力电池支持不超过 1 min 的 3C 过载电流，这正是电池管理系统的过流保护功能所必须考虑的。

2. 过充过放保护

另一项电池安全保护的基本功能就是过充、过放保护。其中，过充保护指的是在电池的荷电状态为 100% 的情况下，为了防止继续对电池充电造成的电池损坏，而采取的切断电池充电回路的保护措施。另一方面，在电池的荷电状态为 0 的情况下，若继续对电池进行放电，也会对电池造成损坏。此时应采取措施，切断电池的放电回路，这就是过放保护。当然，在电动汽车行驶过程中突然切断电源是非常不安全的。因此，一种较为实用的手段是在电源容量不足（小于 50%）的时候，就对驾驶员发出警告，提示电量不足，同时逐渐减小电池的放电电流，使车辆逐渐减速或者使车辆缓慢地停下来。当然，这样的功能严格来说应该归入“能量控制管理”的范畴，其实现通常也需要电机控制器、整车控制器等电池管理系统以外的部件来共同完成。

（三）热管理

所谓热管理功能，一是进行电源系统的温度调节，二是避免电池出现温度失控现象而造成安全事故。电池在不同的温度下会有不同的工作性能，如铅酸电池、锂离子电池和镍氢电池的最佳工作温度为 20 ~ 40 °C。温度的变化会使电池的 SOC、开路电压、内阻和可用能量发生变化，甚至影响到电池的使用寿命。温度的差异也是引起电池均衡问题的原因之一。美国可再生能源国家实验室指出热管理系统的主要任务有：使电池工作在适当的温度范围内，降低各个电池模块之间的温度差异。

过温保护，顾名思义就是当温度超过一定限制值的时候对动力电池采取保护性的措施。动力电池是一种化工产品，在高温下工作可能引起难以控制的化学反应，轻则损伤电池，严重时将会引起交通事故，造成人员伤亡。

过温保护需要考虑环境温度、电池组的温度，以及每个单体电池本身的温度。由于温度的变化需要一个过程，温度控制往往也具有滞后性，因此，温度保护往往要考虑一些“提前量”。例如，若检测到环境温度或者电池箱温度过高，接近使电池损坏的门限值，则应采取相应的保护措施。或者，某个单体电池的温度突然快速上升，虽然还没有达到安全门限值，但仍应采取一定的保护措施。例如，通过仪表对驾驶员进行警告。

实训项目 3.1　电动汽车低压断电操作

一、工作准备

（1）分组，确定小组长，明确组员分工。

（2）防护装备：安全用电装备等。

（3）能连接互联网的电脑或移动终端。

（4）专用工具、设备：万用表、新能源汽车解码器等。

（5）手工工具：常用工具套装。

（6）辅助材料：动力电池相关技术资料。

二、任实施务

1. 进行车辆防护

（1）安装车内防护三件套，放置车辆挡块，调整举升机到合适位置。拉起前机舱盖手柄，打开前机舱盖，安装车外防护三件套，如图 3-1-4 所示。

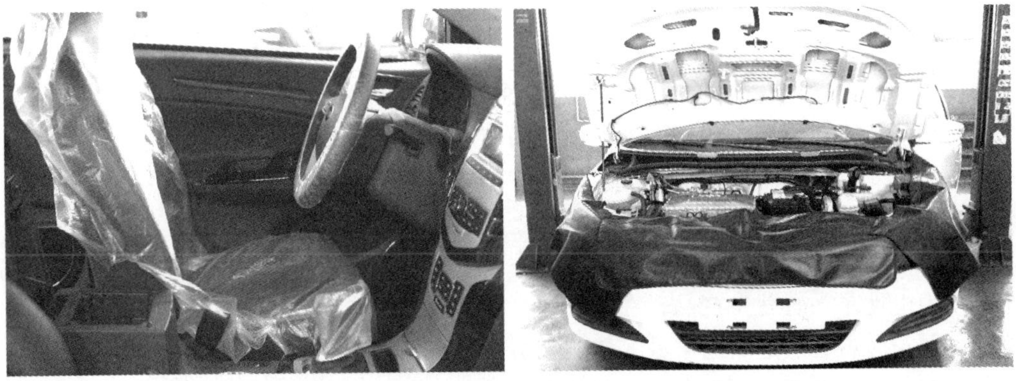

（a）车内三件套　　（b）车外三件套

图 3-1-4　防护三件套

（2）穿绝缘鞋，检查绝缘手套气密性，佩戴护目镜、安全帽、绝缘手套（见图 3-1-5）；对万用表、绝缘电阻仪进行校零。

图 3-1-5　做好个人安全防护

2. 安全准备工作及注意事项（见表 3-1-1）

表 3-1-1　安全准备操作步骤及注意事项

操作步骤	操作项目	注意事项
步骤一：整理场地	场地准备	1. 高压动力蓄电池单元修理工位必须洁净、干燥、无油脂、无飞溅火花、工位地面进行绝缘处理； 2. 为了防止未经授权进入工位，以及无法确保高电压本质安全，或出现不明状态时，应使用隔离带，竖立发光黄色警告提示； 3. 检查灭火器是否处于正常使用条件； 4. 检查工位地面绝缘是否良好
步骤二：场地设备检查	场地设备准备	1. 检查举升器维护保养日期，试运行举升器，检测工作状况； 2. 检查车辆停放位置及举升臂高度； 3. 检查动力蓄电池托举车工作状况是否良好
步骤三：车辆检查	车辆准备	1. 检查车辆外观有无划痕、变形、损伤并进行记录； 2. 检查车辆挡块是否齐备、具备安装稳固有效； 3. 检查车辆举升支撑是否处于正确位置
步骤四：安全防护设备检查	绝缘手套检查	1. 检查绝缘手套标识，确认耐压等级； 2. 检查外观有无明显磨损痕迹； 3. 检查绝缘手套密封性； ① 卷起手套边缘； ② 折叠开口，并封住手套开口； ③ 向手套内吹气，确认有无空气泄漏； ④ 同样的方法检查第二只手套
	安全帽检查	1. 检查安全帽有无破损、裂纹； 2. 根据自身调整安全帽扣带
	护目镜检查	1. 检查护目镜表面有无破损、裂纹，镜面清晰度是否正常； 2. 根据自身调整护目镜扣带尺寸

续表

操作步骤	操作项目	注意事项
步骤四：安全防护设备检查	绝缘鞋检查	1. 检查绝缘鞋标识，确认耐压等级； 2. 检查绝缘鞋有无破损、老化、裂纹
	绝缘服检查	1. 检查绝缘服标识，确认耐压等级； 2. 检查绝缘服有无破损、油污及各扣合位置是否正常可用
步骤五：拆装工具检查	工具检查	1. 清点绝缘工具套装内工具数目及项目是否正常可用，绝缘部位无破损、老化、裂纹； 2. 检验扭力扳手合格证处于有效期，工具扭矩调整灵活准确
步骤六：检测设备检查	汽车用数字万用表检查	1. 万用表设备及附件配备齐全； 2. 检查万用表设备合格证书； 3. 校验万用表，确认测量有效性
	漏电诊断仪检查	1. 漏电诊断仪设备及附件配备齐全； 2. 检查漏电诊断仪设备合格证书； 3. 校验漏电诊断仪，确认测量有效性
	放电工装检查	1. 放电工装设备及附件配备齐全； 2. 检查放电工装设备合格证书

3. 低压断电

（1）关闭车辆点火开关，确认点火开关置于 LOCK 位置，将钥匙放到一个安全的区域，通常应该远离被维护的汽车。

注意：

如果使用按钮启动，应把钥匙拿到离车至少 5 m 远处，或锁入维修柜，防止汽车意外启动。

（2）所有充电口应用绝缘胶布封住，防止车辆作业时被误充电，如图 3-1-6 所示。

图 3-1-6　充电口防护

（3）断开低压蓄电池负极，切断低压控制系统，防止在进行高压系统维修时因误操作接通导致高压上电，造成危险，如图 3-1-7 所示。对低压蓄电池负极桩绝缘处理，并等待 5 min 以上，如图 3-1-8 所示。

图 3-1-7　断开低压蓄电池负极电缆

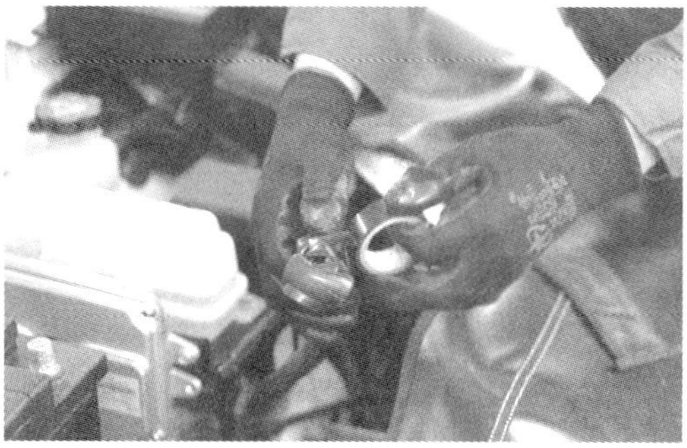

图 3-1-8　低压蓄电池负极桩绝缘处理

注意：

正常情况下，点火开关关闭后，高压系统可能还存在高压电，这是因为高压部件中存在高压电容，需要等待一段时间高压电容中的电荷才能被完全释放。

任务练习

1. 动力电池系统的电特性是什么？
2. 导致动力电池系统发生燃烧或爆炸的可能原因有哪些？
3. 动力电池的安全保护功能有哪些？

学习任务 3.2　新能源汽车高压安全

学习目标

1. 了解新能源汽车电池的高压安全特性。
2. 掌握新能源汽车电池的高压安全措施。

一、新能源汽车电池的高压安全

新能源汽车（电动汽车）电池动力系统的一个重要特点就是具有高电压、大电流的动力回路。为了适应电机驱动工作特性要求并提高效率，高压电气系统的工作电压可以达到 300 V 以上，且电力传输线路的阻抗很小。高压电气系统的正常工作电流可能达到数十甚至数百安培，瞬时短路放电电流更是成倍增加。高电压和大电流会危及车上乘客的人身安全，同时还会影响低压电气系统和车辆控制器的正常工作。因此，在设计和规划高压电气系统时不仅应充分满足整车动力驱动要求，还必须确保车辆运行安全、驾乘人员安全和车辆运行环境安全。

电动汽车的运行情况非常复杂，在运行过程中难免会出现部件间的相互碰撞、摩擦、挤压，这有可能使原本绝缘良好的导线绝缘层出现破损，接线端子与周围金属出现搭接。高压电缆绝缘介质老化或受潮湿环境影响等因素都会导致高电压电路和车辆底盘之间的绝缘性能下降，电源正负极引线将通过绝缘层和底盘构成漏电回路。当高电压电路和底盘之间发生多点绝缘性能下降时，还会导致漏电回路的热积累效应，从而造成车辆的电气火灾。因此，高压电气系统相对车辆底盘的电气绝缘性能的实时监测也是电动汽车电池安全及整车安全技术的核心内容。

二、电源系统的高压控制

高压电系统的功能是保证整车系动力电能的传输，并随时检测整个高压系统的绝缘故障、断路故障、接地故障和高压故障等，以保证设备和人员安全为首要任务，这也是电动汽车产化的关键技术之一。自 1970 年以来，国际标准化组织（ISO，IEC）和美国、欧洲、日本等都先后成立了开展电动车辆标准研究和制定工作的标准化组织和机构，相继发布了若干电动汽车的技术标准。人们对电动车辆的高压电安全及控制制定了较为严格的标准和要求，并规定了高压系统必须具备高压自动切断装置。其中涉及与电动车安全有关的电气特性有：绝缘特性、漏电流、充电器的过流特性、爬电距离及电气间隙等。

高压电安全保护的执行要点是：首先确保高压电源等的运行安全和高压电的接通必须具备既定的先决条件，以及基于外部故障诊断的自动断开和被动断开。

（一）高压互锁

在 ISO 国际标准《ISO 6469-3：2001 电动汽车安全技术规范第 3 部分：人员电气伤害防护》中规定，车上的高压部件应具有高压互锁装置，但没有详细定义高压互锁系统。

高压互锁，也指危险电压互锁回路（Hazardous Voltage Interlockloop，HVIL），通过使用电气小信号来检查整个高压产品、导线、连接器及护盖的电气完整性（连续性），识别到回路异常断开时，会及时断开高压电。高压互锁回路如图 3-2-1 所示。

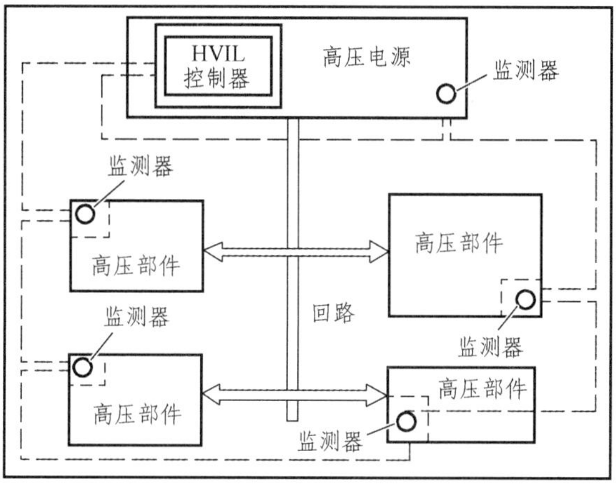

图 3-2-1　高压互锁回路

当整车发生碰撞时，碰撞传感器发出碰撞信号，触发 HVIL 断电信号，整车高压源会在毫秒级时间内自动断开，以保障用户的安全。

为确保高压母线快速连接器的连接可靠，在高压电回路中并联了一组随快速连接器一起安装的高压互锁回路，并连接到 EVSM，用于动态检测高压快速连接器连接的可靠程度。当检验到高压回路的连接没有达到预期的完整性要求时，EVSM 将直接或通过整车控制器禁止相关动力电源的输出，直到该故障完全排除为止。否则会存在高压电暴露、连接不良造成动力回路输出功率下降，甚至连接器烧毁等不良后果。

（二）接通信号的互锁控制

只有新能源汽车上与高压电控制相关的管理模块都发出许可闭合的线控信号后，才能使专门设计的高压电闭合模块进入预充电过程。而只有符合事先设计要求的预充电过程才能最终使高压电回路完全闭合，电源系统才有能力向外供给能量。同样，在紧急情况下，所有参与高压电控制的相关管理模块都可超越整车控制器，通过 COMM 控制线强行要求 EVSM 切断高压电源的输出。

（三）被动安全控制

在遇到紧急情况时，尤其是严重的碰撞，将会使车内的蓄电池单元、高压用电器等与车身固定件之间发生碰撞挤压等情况，造成潜在的脱落、短路等瞬间绝缘性能的快速下降或高压主回路电路的短接等非常危险的情况。为适应这种被动控制的需求，在 EVSM 中可以设置一个加速度传感器的信号输入电路，经过一个专门的数据处理模块，诊断出一个被动安全信号送 CPU 处理，并通过事件 CAN 帧及时与整车控制器通信，快速切断电源系统的输出。

（四）接通过程的安全诊断与控制

正确的接通过程就是一个检验和确保供电（蓄电池等）、负载（电机及控制器、DC/DC 等）及高压控制继电器自身的安全运行的过程。控制命令可以来自于线控信号，也可以来自于 CAN 网络。所有的请求接通命令，都需要一个定时的确认过程，确认的周期大约为 60 ms，与人工操作的反应时间相当。这样就十分有效地兼顾了命令的正确传递和必要的响应速度，提高了高压电接通过程的可靠性。

引入预充电电阻的目的就是为了在安全接通高压系统前，正确感知输出线路是否存在负载过大甚至可能短路等故障。

对高压输出端实行预充电，可以有足够的时间来实时检测预充电过程中高压回路中电压与时间的变化关系，并据此来判断输出线路的状态，以确定下一步的控制操作——完全接通还是禁止接通。这种直流电源与负载接通过程的安全控制，可以最大程度地避免高压用电器的永久性损坏，并及时告知驾驶员进行必要的车辆维护。

（五）运行过程中绝缘电阻的安全诊断

对高压电绝缘状态的在线动态检测是安全诊断的关键，它综合了蓄电池主供电回路、高压电回路、电机驱动系统等高压用电器与汽车车身之间的绝缘状况。

在出现绝缘故障时，首先启动故障诊断程序对故障进行分级，通过判断故障的变化趋势来确定故障是渐进变化而来还是突发产生。若故障是突发产生的，则迅速启动 CAN 事件帧通知上级控制器，否则仍然按既定的时序通报给上级控制器。上级控制器应当反馈相应的处理结果。

（六）断开过程的控制策略

在正常或在无重大故障时，与接通过程一样，接受请求断开的命令也需要一个确认的过程，同时保证命令的正确传递和必要的响应速度，避免电动汽车正常行驶时的非正常断开，提高工作可靠性。而当高压电系统存在故障时，如何断开供电回路是一个非常值得仔细研究的问题。在人身安全受到威胁的情况下应当毫不犹豫地断开高压电，而其他情况下的断开则必须服从一定的优先级。首先必须了解高压电故障的严重等级，了解整车的驱动和能源装置的运行状态，并使整车控制器尽快转入非驱动状态等。其中包括在极端情况下的紧急断开策略、考虑到行车挡位和车速的高压安全断开策略、考虑各能源装置运行状况的断开策略。

而一旦断开高压供电，则必须由操作者有意识的动作进行复位，并经过一定时间间隔待原先的故障消失后才能进入下一次接通过程。图 3-2-2 所示为高压控制策略的流程示意图。

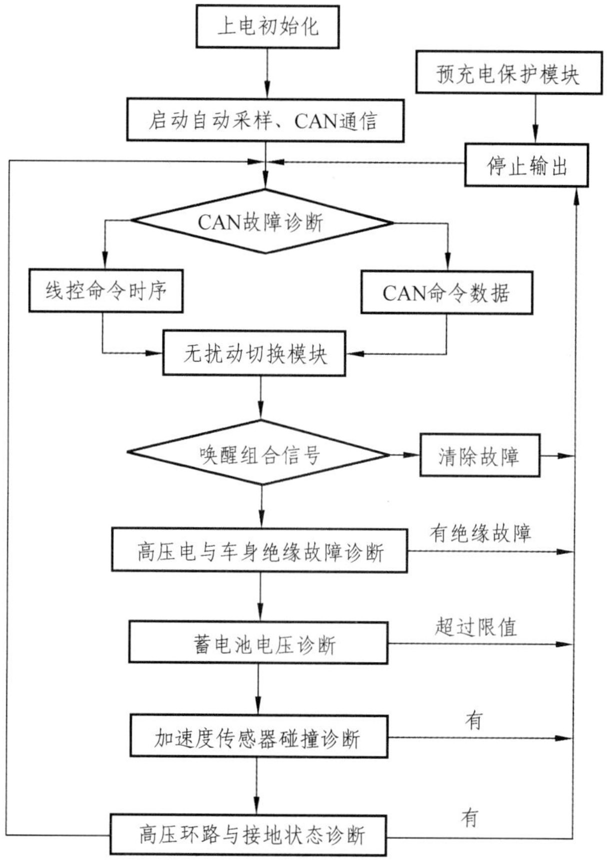

图 3-2-2　高压安全诊断与控制策略流程

实训项目 3.2　高压熔断器及接触器的检测更换

一、工作准备

（1）分组，确定小组长，明确组员分工。
（2）防护装备：安全用电装备等。
（3）能连接互联网的计算机或移动终端。
（4）专用工具、设备：万用表、新能源汽车解码器等。
（5）手工工具：常用工具套装。
（6）辅助材料：动力电池相关技术资料。

二、任实施务

1. 高压熔断器的检测更换

1）高压熔断器的检测

以比亚迪 e5 高压空调熔断器（保险）检测为例，空调保险为 32 A，它同时给电动压缩机模块和 PTC 水加热模块供电，安装在高压电控总成（左侧）。检测时，拆开高压电控侧盖，并用万用表电阻挡检测其电阻是否符合正常值（<1 Ω），若不符合则进行更换，如图 3-2-3 所示。

图 3-2-3　空调保险

2）高压熔断器的更换

以比亚迪 e5 高压空调保险更换为例，其过程如下：

（1）关闭电源开关，如图 3-2-4 所示。

图 3-2-4　关闭点火开关

（2）断开蓄电池负极并进行包裹，如图 3-2-5 所示。

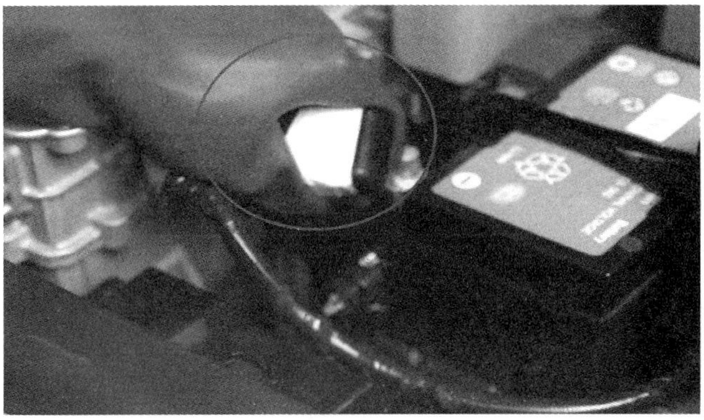

图 3-2-5　断开蓄电池负极并进行包裹

（3）等待至少 5 min，取下维修开关，如图 3-2-6 所示。

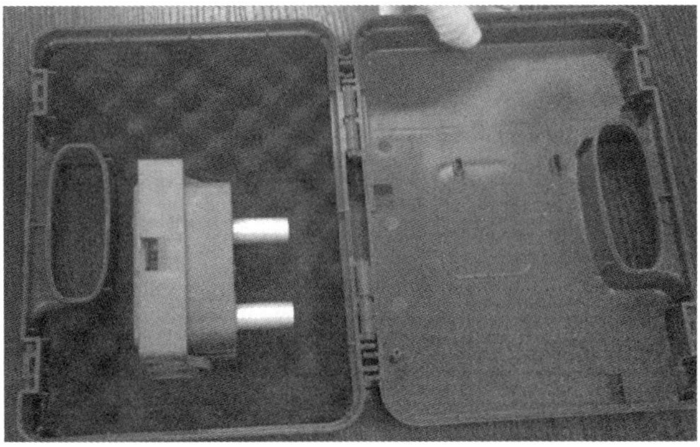

图 3-2-6　取下维修开关

（4）断开动力电池至高压电控总成输出母线，经验电电压为 0.2 mV，如图 3-2-7 所示。

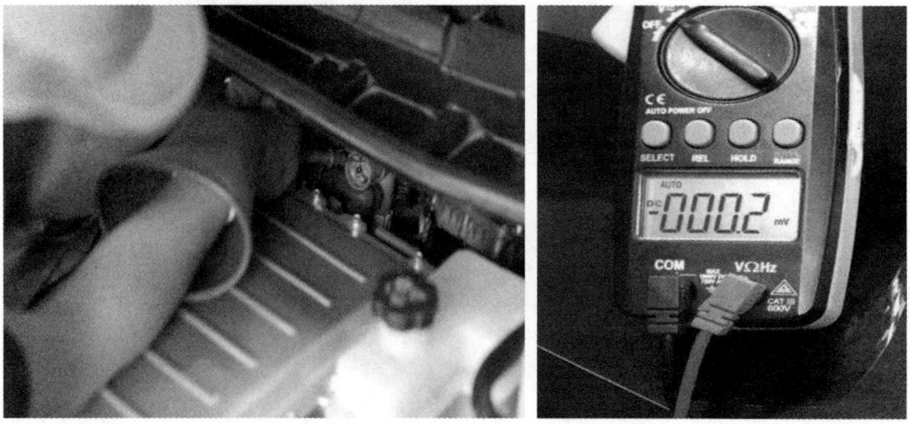

图 3-2-7　高压母线验电

（5）拆开高压电控总成侧边保险盖，松开 32 A 空调保险两端的螺栓，更换新的保险，如图 3-2-8 所示。

图 3-2-8　比亚迪 e5 高压空调保险更换

2. 高压接触器的检测更换

1）高压接触器的检测

以比亚迪 e5 主接触器检测为例，其过程如下：

（1）将道通 MS908 故障诊断仪通过蓝牙接入 OBD-Ⅱ诊断座中，打开诊断仪电源开关，进入该车系统进行自动扫描，清除故障码，经诊断该车无故障码存在，如图 3-2-9 所示。

图 3-2-9　自诊断检测

（2）进入电池管理系统（BMS）进行相关数据流的读取并记录，如图 3-2-10 所示。

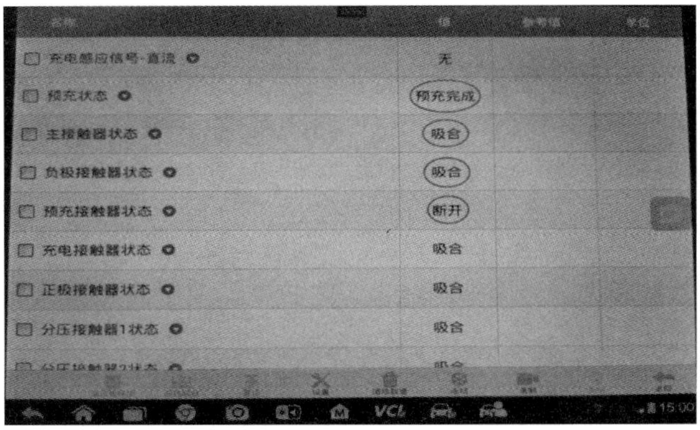

图 3-2-10　读取相关数据流

（3）查询电气原理图，红表笔与 B28（B）-32 号脚连接，黑表笔与搭铁连接，测得的电压为 12.90 V，如图 3-2-11 所示。

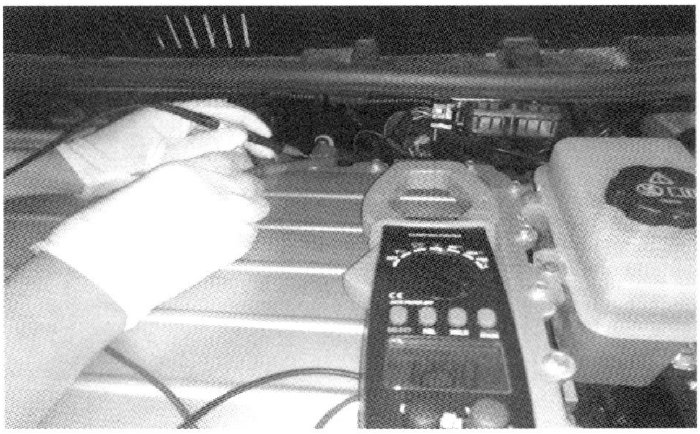

图 3-2-11　B28（B）-32 号脚有电压输出

（4）查询电气原理图，车辆上电，用背插针连接 BK45（A）-9 号针脚，黑表笔进行车身搭铁，观察是否有压降，如果测出的电压值 < 1 V，证明线路、主接触器没有问题，如图 3-2-12 所示。

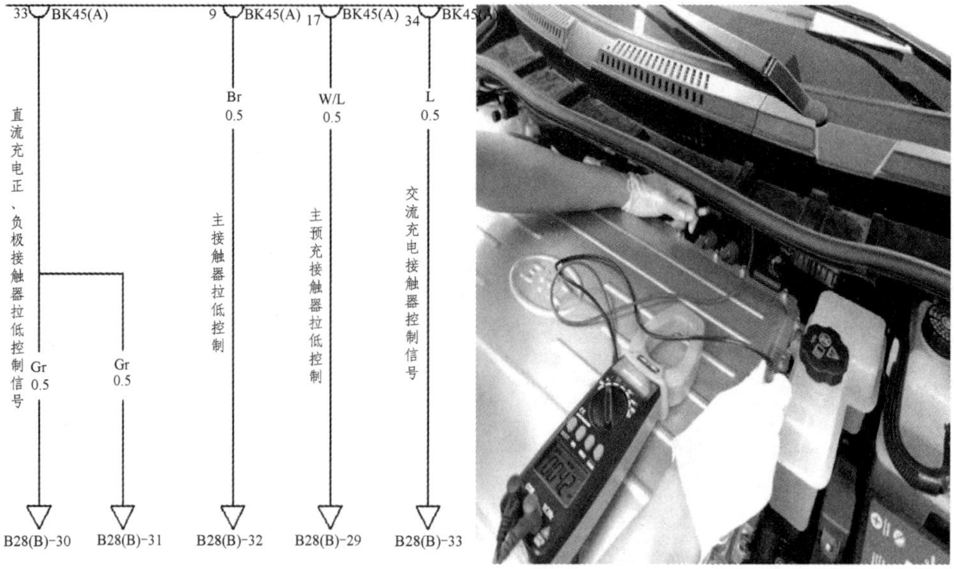

图 3-2-12　比亚迪 e5 主接触器的检测

2）高压接触器的更换（以比亚迪 e5 主接触器为例）

比亚迪 e5 主接触器在高压电控总成中，主接触器的更换步骤如表 3-2-1 所示。

表 3-2-1　主接触器的更换步骤

操作步骤	操作项目及要求	操作图示
步骤一：车辆防护	安装车内四件套、车外三件套、车轮挡块、拉隔离栏、放置安全警示牌	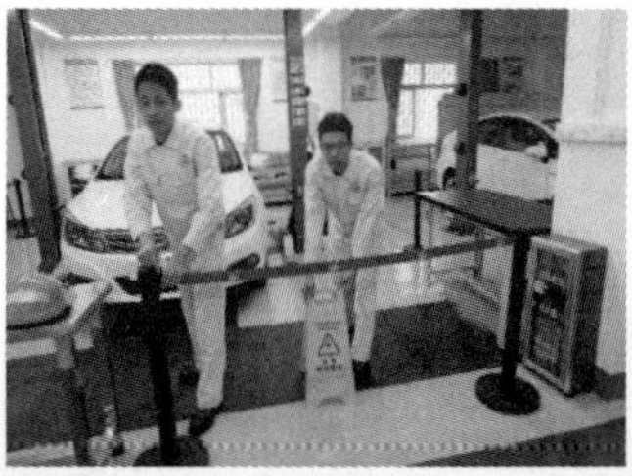 
步骤二：个人安全防护	检查和穿戴护目镜、安全帽、耐磨损手套、绝缘手套、绝缘鞋、工装	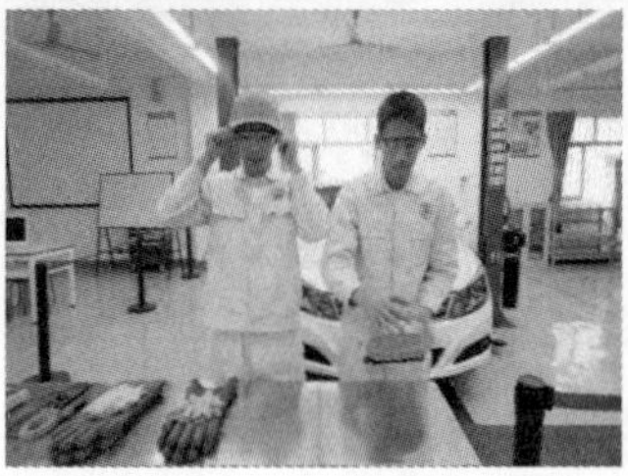 
步骤三：车辆下电	下电	将车辆退电至 OFF 挡，等待 3 min

续表

操作步骤	操作项目及要求	操作图示
步骤四：断开蓄电池负极	拆下蓄电池负极，并对负极及负极桩进行绝缘保防处置	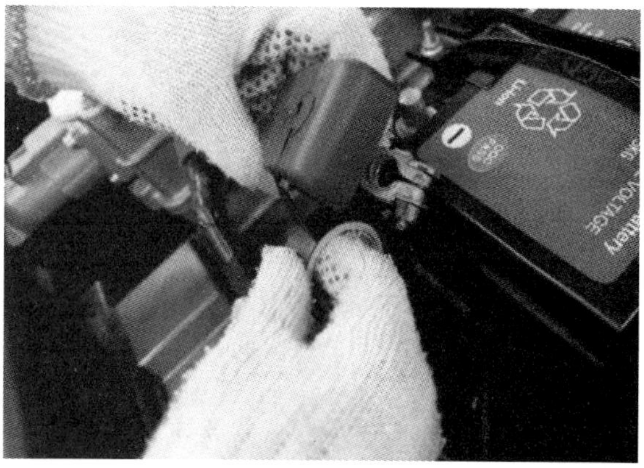
步骤五：拆下维修开关	拆下维修开关，放置于专用位置	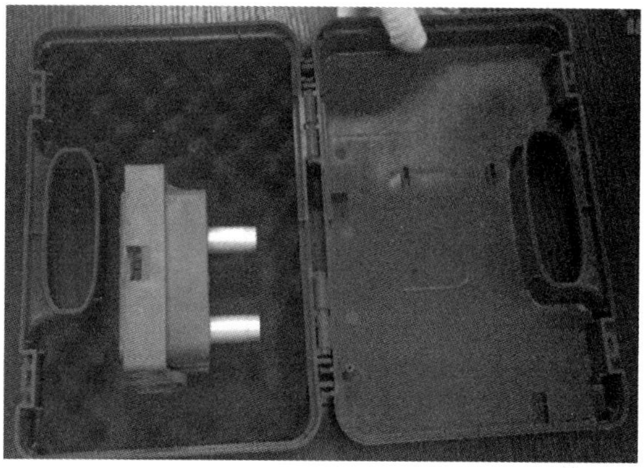
步骤六：拆下高低压母线	拆下高低压母线并验电（电压应小于1 V），并用电工胶布对高低压母线进行包裹	

续表

操作步骤	操作项目及要求	操作图示
步骤七：拆下高压控制盒交流、直流快充插接器	拆下高压控制盒交流、直流快充插接器	
步骤八：找出高压电控盒中的主接触器	找出高压电控盒中的主接触器	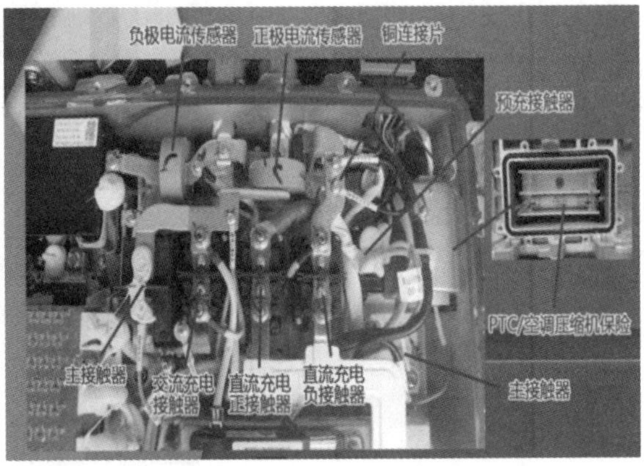
步骤九：拆卸插接件	拆卸插接件	

续表

操作步骤	操作项目及要求	操作图示
步骤十：拆卸主接触器、交流/直流接触器的固定螺栓、线束	拆卸主接触器、交流/直流接触器的固定螺栓、线束	
步骤十一：拆卸主接触器	拆卸主接触器	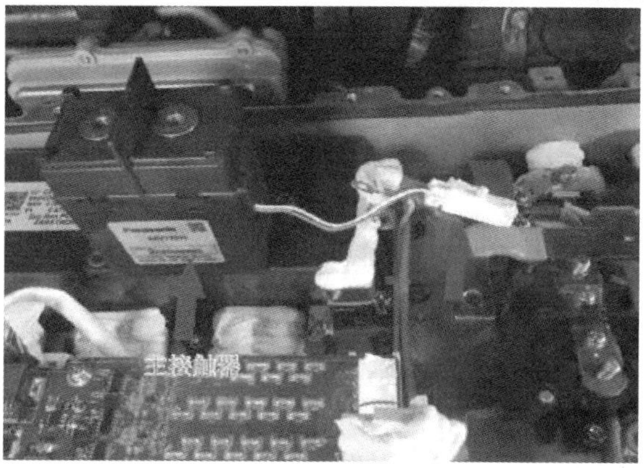
步骤十二：安装主接触器	安装主接触器	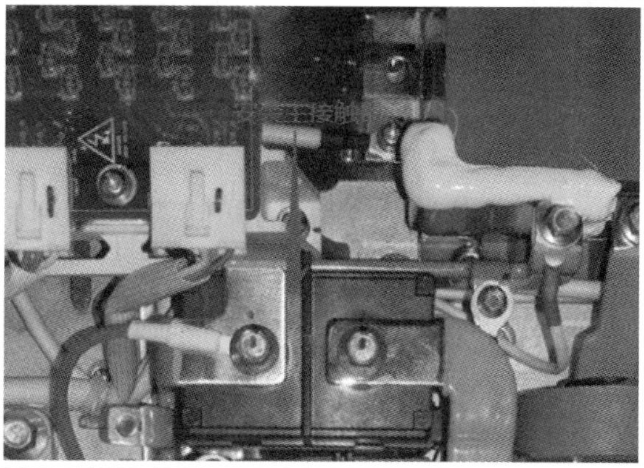

任务练习

1. 简述高压熔断器的功用及结构。
2. 简述高压熔断器、高压接触器的检测与更换操作步骤。

项目4 新能源汽车动力电池热管理系统

概述

热量的积累是造成电源系统出现故障及安全事故的最重要原因。动力电池在使用中发热量很大，而电池温度影响电池系统的运行、循环寿命、充电可接受性、功率、能量、安全性和可靠性。所以，为了使电池达到最佳的性能和寿命，需要将电池包的温度控制在一定范围内，减小电池包内不均匀的温度分布以避免模块间的不平衡，降低电池性能衰减速度，且可消除相关的潜在危险。对动力电池的热管理主要是通过电池的热管理系统（Battery Thermal Management System，BTMS）来实现的。

学习任务 4.1　动力电池热管理系统认识

学习目标

1. 能够准确描述动力蓄电池热管理系统的功能、结构及工作原理。
2. 能够按操作规程完成动力蓄电池冷却与加热系统的检测与更换。

一、温度对电池性能的影响

温度是电动汽车动力电源系统中控制的最主要的参数之一，也是影响电池性能的最主要的参数。在电池的所有检测制度中，都要求必须标明温度，原因就是温度对电池性能影响比较大，包括电池的内阻、充电性能、放电性能、安全性、寿命等。

（一）温度对放电性能的影响

温度对放电性能的影响直接反应到放电容量和放电电压上。温度降低，电池内阻加大，电化学反应速度放慢，极化内阻迅速增加，电池放电容量和放电平台下降，影响电池功率和能量的输出。

以 80 A・h 的镍氢电池放电为例，常温下将电动汽车电池充满电，在不同温度下以 1C 电流放电。容量与温度的关系如图 4-1-1 所示，在 – 20 °C 时，放电容量比较低；在 20 °C 时，放电容量最大；随着温度继续升高，放电容量降低，但中高温的放电容量明显比低温时放电容量大，说明中高温放电性能强于低温放电性能。这是因为，温度高有利于合金中氢原子的扩散，提高了合金动力学性能，同时电解液 KOH 的导电率随温度升高而增加，在高温下电解质导电率大，电流迁移能力强，迁移内阻减小，电流充放电性能增强。

温度对过电势的影响较为显著，温度越高，过电势越小，电极反应越容易进行。这是因为，电极放电反应过电势由两个因素决定：① 合金与电解液接触面上的电荷转移阻力；② 氢原子从合金本体到表面的扩散阻力。温度升高使氢原子扩散和电荷转移速度加快，促进电极反应的进行，反应过电势减小，因而电池的放电容量升高。同样，在高温情况下，电池的放电功率也会有所上升。

而在低温（ – 20 °C）条件下，电池的放电性能差于室温时的放电性能，主要是因为金属氢化物低温下过于稳定、电化学反应阻抗加大引起的。同时，低温情况下，电池的内阻也增大，影响电池放电功率的输出。

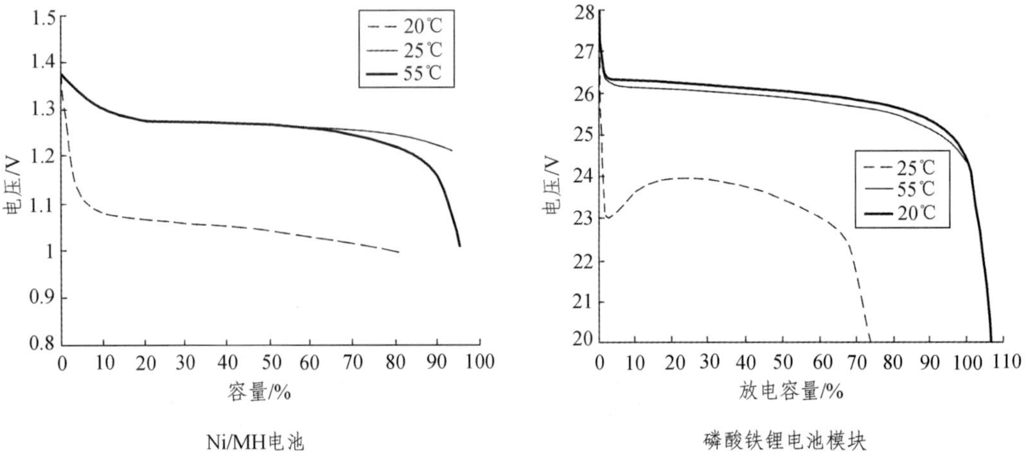

图 4-1-1　不同温度下 Ni/MH 电池和磷酸铁锂电池的电容量与电压曲线

对于锂离子电池，同样是在低温条件下放电容量急剧下降，但在高温情况下放电容量并不比常温低，有时还会略高于常温容量，主要是因为高温情况下锂离子迁移速度加快，锂电极不像镍电极和贮氢电极那样在高温情况下产生分解或形成氢气使容量下降。电池模块低温放电时，随着放电的进行，由于电阻等原因产生热量，使得电池温度升高，表现为电压有抬升现象，随着放电的进行，电压再逐渐下降。图 4-1-1 所示为磷酸铁锂电池的放电曲线，图 4-1-2 所示为 Ni/MH 电池在不同温度下的内阻和放电能量曲线。

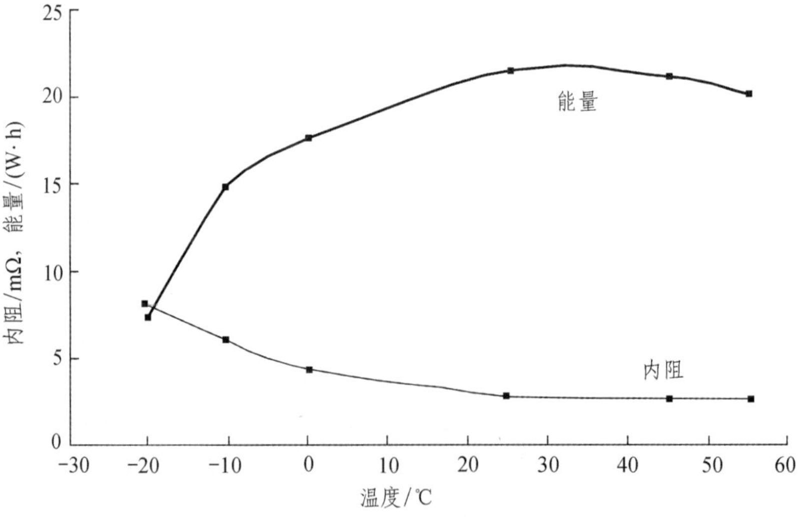

图 4-1-2　Ni/MH 电池在不同温度下的内阻和放电能量曲线

图 4-1-3 是镍氢电池和磷酸铁锂电池在不同温度下的放电效率实验。当温度超过 50 °C 时镍氢电池充电效率和电池寿命都会大大衰减，在低温状态下，电池的放电能力

也比正常温度的小得多。在温度高于 40 °C 或者温度低于 0 °C 时，电池的放电效率显著降低。而磷酸铁锂电池在低温情况下，放电效率会迅速下降，高温情况下与常温比较无明显差别。

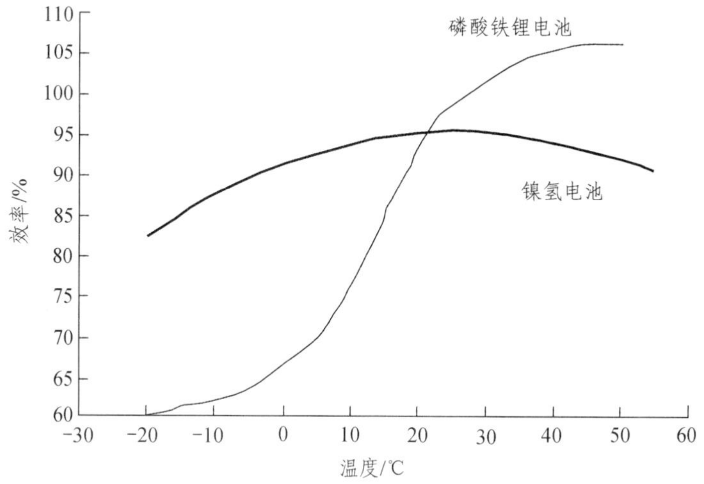

图 4-1-3　镍氢电池和磷酸铁锂电池在不同温度下的放电效率

从图 4-1-3 中可以看到，在所测温度范围内，低温条件下电池内阻较高，随着温度的升高，内阻越来越低。在低温 – 20 °C 的条件下，电池直流内阻甚至为常温 25 °C 时的 3 倍，为高温 55 °C 条件下的 4 倍，而放电能量的变化情况基本上与内阻的变化趋势相反。

（二）温度对充电性能的影响

温度对电池充电性能的影响更加明显。目前的动力电池在低温下充电的明显特点就是电压迅速上升。在低温下充电会带来许多问题：如锂离子电池在低温充电时，正极锂脱出快，负极锂向内部的嵌入速度慢，就会造成锂金属在电极表面的积累，生成枝晶，使电池短路；Ni/MH 电池在低温充电时，由于贮氢负极对氢的吸收速度变慢，氢来不及被贮氢合金吸收，就会形成氢气，增大电池内压，影响安全性能。纯电动汽车在低温情况下充电时可以根据温度进行控制，前期采用小电流充电，随着充电的进行，电池组温度逐渐升高，充电接受能力上升，对正常使用的影响也较小。

图 4-1-4 所示为在不同温度下 Ni/MH 电池和磷酸铁锂电池的充电曲线。可以看出，随着温度的降低，电动汽车充电电压迅速升高。镍氢电池充电中间电压有下降的趋势，主要是由于随着充电的进行，电池内部温度升高引起；磷酸铁锂电池在低温下充电很快就达到了限制电压，转入恒压充电模式。图 4-1-5 所示为 Ni/MH 电池和磷酸铁锂电池充电效率随温度的变化曲线。从图中可以看出，在高温和低温下，Ni/MH 电池的充电效率均大幅下降，主要原因是 Ni/MH 电池充电过程有析氧的副反应，温度越高，正常反应和

副反应电位差降低，副反应速度加快（相应正常反应比例降低），充电效率下降；而磷酸铁锂电池在充电过程中基本无副反应产生（除了一些材料的腐蚀反应外），温度升高，各种化学反应速度加快，在一定的高温下，其充电效率还会上升。

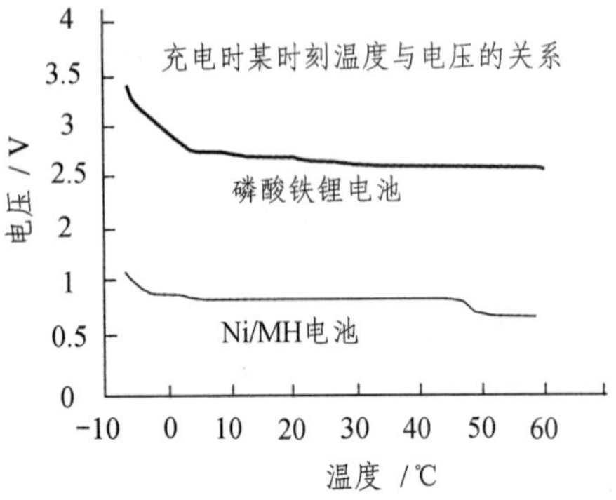

图 4-1-4

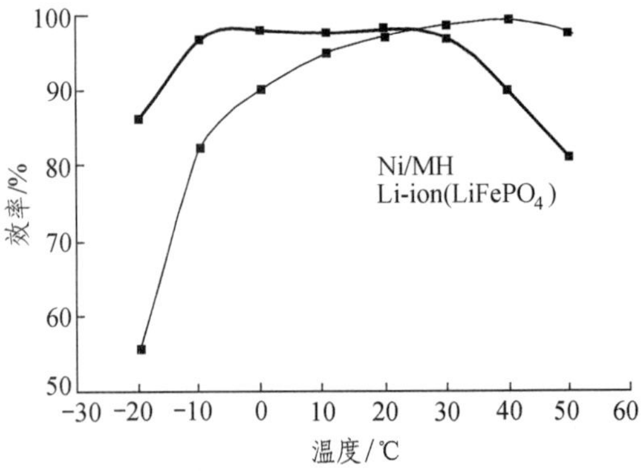

图 4-1-5　充电效率随温度的关系

（三）温度对荷电保持能力的影响

温度升高，各种化学反应速度加快，电池的自放电会加大。图 4-1-6 所示为 Ni/MH 电池荷电保持能力随温度的变化趋势。

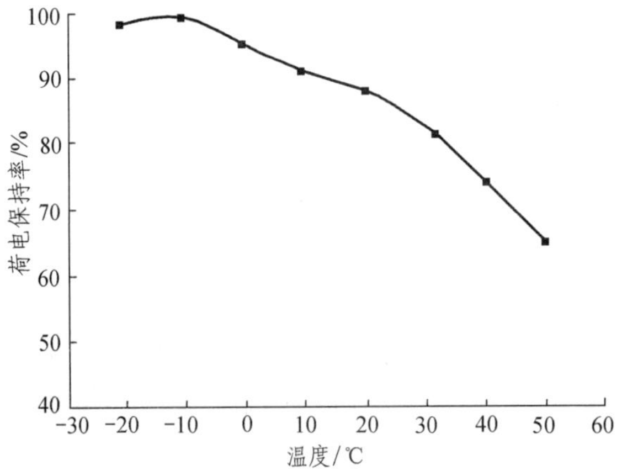

图 4-1-6　电池电荷保持能力随温度变化的趋势

由图 4-1-6 可以看出，高温条件下储存，容量损失最大；低温条件下储存，容量损失最小。这主要是因为电动汽车电池在高温储存时，负极活性物质的稀土元素在强碱液中不稳定，发生腐蚀生成了 M(OH)n（如合金粉表面生成了氧化膜），在高温情况下 NiOOH 的分解也加快。

这些反应加速了电池高温储存条件下的自放电和容量损失，锂离子电池也存在相同的情况。为了避免在储存时电极发生钝化或腐蚀，使电池性能降低，一般电池在储存时需要有一定的电量，并且对储存环境温度有一定限制。

（四）温度对电池循环寿命的影响

环境温度是影响寿命的一个重要因子。温度升高，所有的反应速度均会加快，电池内材料的腐蚀等也会加快，从而加速电池的衰减，当温度升高到一定程度时，电池会迅速失效。

图 4-1-7 所示为 Ni/MH 电池在不同温度下的常规循环性能和工况循环性能。可以看出，无论是常规寿命实验还是工况寿命实验都是高温 55 °C 条件下的容量衰减最快，200 次循环后其放电容量就低于初始容量的 60%。低温 0 °C 条件下的常规循环寿命实验中，放电容量的变化曲线与常温条件下的相接近。主要是在高温循环寿命中，尤其是高倍率循环实验，正极活性物质会加速生成 H_2，从而使电极体积发生膨胀，导致电极变形出现裂纹，活性物质脱落，最终造成电池化学容量衰退；高温高倍率也加速了负极的粉化过程，导致负极的氧复合能力和颗粒间的导电能力都有所下降，不利于化学反应的进行；正极的膨胀吸收了隔膜的电解液，也会使电池阻抗增大。且在充放电循环过程中，隔膜易氧化降解，使其完全失去吸附电解液的能力，导致电池失效。锂离子电池的循环寿命具有同样的特征。

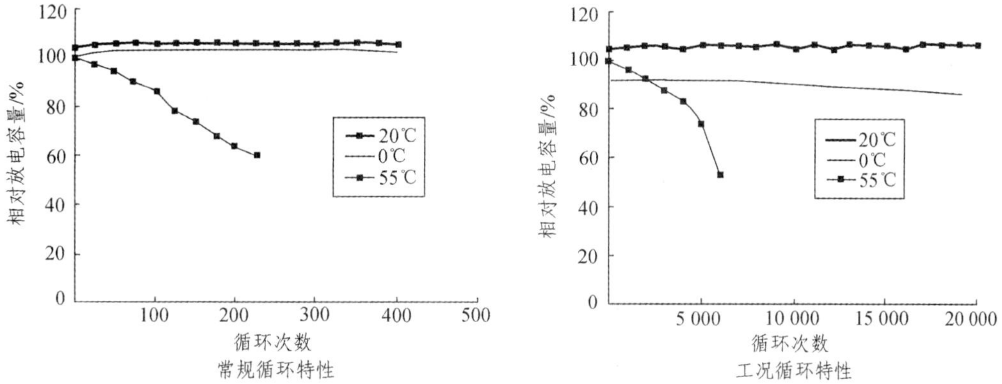

图 4-1-7　Ni/MH 电池在不同温度下的循环性能

图 4-1-8 和图 4-1-9 分别为锰酸锂电池和磷酸铁锂电池在不同温度下的循环使用寿命曲线。在动力电池的使用过程中，应该尽量避免电池长期在高温条件下使用，尤其需要避免电池在高温条件下的高倍率充放电循环，这也是车用动力电池必须进行温度控制的一个重要原因。

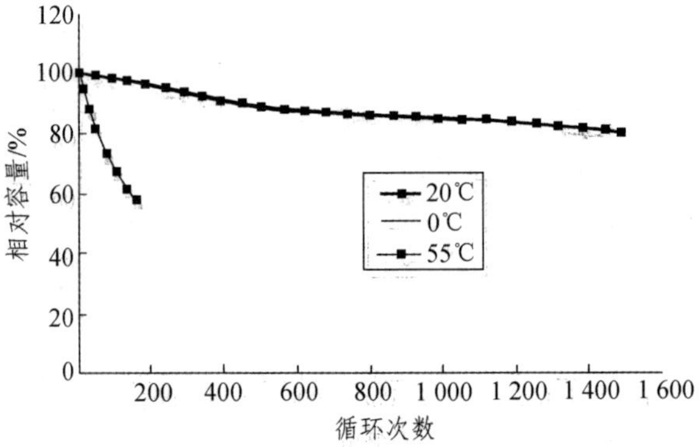

图 4-1-8　锰酸锂电池不同温度下循环使用寿命

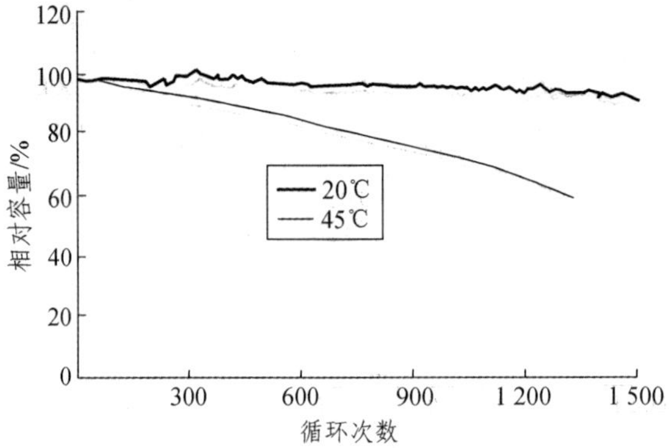

图 4-1-9　磷酸铁锂电池不同温度下循环使用寿命

（五）温度对 SOC 的影响

表 4-1-1 给出了在同样的充放电条件下，电池 SOC 差异与电池温差之间的关系。如果电池组内温度分布不均匀，将会导致充电效率不一样，而且由于电池容量的差异，一部分电池很容易产生过充电；相应地，在放电过程中，这一部分电池容易过放。在经过多次充放电循环后，电池之间的性能差异越来越大，易造成恶性循环。电池性能下降，表现在可充入的电量减少，发热更严重，导致其安全性和寿命下降。

表 4-1-1　电池温度与电池 SOC 差异

电池温度差值	SOC 差异%	电池温度差值	SOC 差异%
5	10	15	25
10	15	—	—

（六）温度对电池电压的影响

电压判断的准确度直接影响整车对电源系统的控制策略，电池组内温度不一致，影响到各电池即使在同一 SOC 下电压表现也不一致，会对电池组的参数出现误判断。

（七）温度对安全性的影响

所有安全性问题最终都可以归结为温度问题。温度升高会使物质腐蚀速度加快，达到一定温度会使电极物质、隔膜、电解液等发生分解，从而引发安全隐患。把温度控制在一定范围内，是消除安全隐患的主要措施。

二、热管理系统的重要性

动力电池在充放电时会产生电化学反应热和焦耳热，而热量会和其他因素（电池种类、电池运行工况、冷却方式和电池排列方式等）共同影响电池温度的变化。而在电动汽车中，动力电池均是成组使用的，温度的变化势必会使电池之间存在一定的温度差异性。温差主要影响电池组的整体寿命和稳定性。由于高温可以加速电解液、电极和隔板的老化速率，当电池组中温差较大时，高温部分的老化速率会明显快于低温部分，随着时间的积累，不同电池之间的物性差异将越加明显，从而破坏了电池组的一致性，最终使整组电池提前失效。为了避免上述情况发生，必须对动力电池进行热管理。对动力电池的热管理主要是通过电池热管理系统（Battery Thermal Management System，BTMS）来实现的。

电池的热相关问题是决定其使用性能、安全性、寿命及使用成本的关键因素。电池热管理系统是应对电池的热相关问题，保证动力电池使用性能、安全性和寿命的关键技术之一。

我们以锂离子电池热相关问题为例，从三个方面进行讲述。

（1）锂离子电池的温度水平直接影响其使用中的能量与功率性能。温度较低时，电池的可用容量将迅速发生衰减，在过低温度下（低于 0 °C）对电池进行充电，则可能引发瞬间的电压过充现象，造成内部析锂进而引发短路。

（2）锂离子电池的热相关问题直接影响电池的安全性。生产制造环节的缺陷或使用过程中的不当操作等都可能造成电池局部过热，进而引起连锁放热反应，最终造成冒烟、起火甚至爆炸等严重的热失控事件，威胁到车辆驾乘人员的生命安全。

（3）锂离子电池的工作或存放温度影响其使用寿命。电池的适宜温度为 10 ~ 30 °C，过高或过低的温度都将引起电池寿命的较快衰减。动力电池的大型化使得其表面积与体积之比相对减小，电池内部热量不易散出，更可能出现内部温度不均、局部温升过高等问题，从而进一步加速电池衰减，缩短电池寿命，增加用户的总拥有成本。

电池组热管理系统是从使用者角度出发，确保电池组工作在适宜温度范围的整套系统，包括电池箱、传热方式、传热介质、检测设备等部件。

三、动力电池热管理系统分类及结构与功能

（一）动力电池热管理系统的分类

按照冷却方式划分，动力电池热管理系统可分为被动冷却系统和主动冷却系统。

根据传热介质的不同，可将动力电池热管理系统分为空气冷却系统、液体冷却系统以及相变冷却系统。

根据热管理的不同应用场合和功能，动力电池热管理系统可分为冷却系统、加热系统和保温系统。

（二）动力电池热管理系统结构与功能

动力电池热管理系统的主要功能：

（1）在电池温度较高时进行有效散热，防止产生热失控事故。

（2）在电池温度较低时进行预热，提升电池温度，确保低温下的充电、放电性能和安全性。

（3）减小电池组内的温度差异，抑制局部热区的形成，防止高温位置处电池过快衰减，降低电池组整体寿命。

从宏观上讲，动力电池热管理是对电池系统内部热环境进行制约、调节和利用。其目的是使动力电池工作在一个最佳的热环境，充分发挥电池的性能。同时，提供一个能量平衡的环境，实现整车能量的综合利用。具体而言，热管理就是在电池系统中温度过高时，对系统进行降温；在温度过低时，对系统进行升温；在特殊情况下，如停车等待过程中，对系统进行保温。根据热管理的不同应用场合和功能，可将其分为冷却系统、加热系统和保温系统。

1. 冷却系统的基本构成与功能

冷却系统是动力电池热管理系统中最重要的组成部分。受制于目前技术瓶颈的限制，动力电池工作的温度环境要满足特定的要求，如磷酸铁锂电池的一般环境温度为 – 20 ~ 60 °C。电池在充放电过程中会不断地产生热量，电池系统内部温度很容易超过这一范围，因此一般的电池系统都需要引入冷却系统。

根据冷却介质的不同，冷却系统通常可分为空气冷却、液体风冷和相变液冷三种冷却方式。这三种冷却方式的散热能力是依次增强的。同时，冷却系统的结构复杂度也依次增加。由于相变冷却成本比较高，考虑到降低成本的因素，目前工程技术上常采用空气冷却和液体冷却两种方式。

除了根据冷却介质区分冷却系统以外，冷却系统也常常分为主动冷却和被动冷却两种形式。通常被动冷却系统直接将电池内部的热空气排出车体，而主动冷却系统通常具有一个内循环系统，并且根据电池系统内部的温度进行主动调节，以达到最大散热能力。

一般而言，被动冷却形式具有结构简单、零部件数量少、成本低等优点，被广泛用于电池冷却系统设计中。

无论是空冷系统，还是液冷系统，完整的冷却系统应包含冷却动力部件，风冷系统主要是风机或风扇；液冷系统是水泵。

2. 保温系统的基本构成与功能

保温系统与加热系统的功能有点类似，但是严格地讲又有区别。保温系统更多的情况下是为了使短期内电池系统内部温度热环境保持在正常区间内。例如，在冬天低温下，电动汽车临时停车 2 h 后再工作，那么在 2 h 时间内，必须要有保温系统的作用，以防止电池系统内部温度过快下降造成的影响。保温系统设计通常采用保温材料或者保温漆等起到隔绝的作用，防止电池系统内部温度过快地散发。

四、动力电池热管理技术

（一）市场上热管理技术的特点及现状

目前市场上的动力电池热管理主要采用空气冷却和液体冷却技术。前者采用空气作为传热介质，直接导入空气使其穿过模块以达到热管理的目的。

空气冷却方式的优点：

（1）结构简单，重量相对较轻。

（2）有害气体产生时能有效通风。

（3）工艺简单，成本较低。

缺点是散热效果差，且易引起模块中电池间温度不均衡，进而损害电池的使用寿命。

国内厂商大多采用空气冷却技术；美国 Enerl Think City 电池组为 28 kW·h，电池组由 432 片单体电池组成，采用空气冷却；日本 Toyota Prius 采用空气冷却。

液体冷却技术采用液体作为传热介质，为了使动力电池与液体进行良好绝缘，液体冷却会在电池模块间布置管线或者夹套，甚至直接将模块浸渍在电解质液体中。液体冷却技术具有较好的散热效果，但是较容易造成液体的泄露，管路的布置较为复杂，成本较高，系统的维护比较困难。美国的 GM Volt 采用的液冷方法，冷却液为 50%的水和 50%的乙二醇混合物。金属散热片间隔于单体间，冷却液在散热片内封闭循环，单体散热片厚度仅为 1 mm 左右，当温度过低时，加热线圈可加热冷却液并为电池升温。Tesla roadster 动力电池的热管理系统采用的是液冷，冷却液为 50%的水，50%的乙二醇。

（二）相变材料（PCM）冷却技术

PCM 冷却技术采用相变材料作为传热介质来达到散热的目的，是一种被动式的动力电池热管理技术。

PCM 应用于电池热管理系统中，即将整个电池组浸渍在 PCM 中，电池组放电产生的热量由 PCM 吸收从而使电池温度降低；同时热量以相变热的形式存储在 PCM 中，配合二次散热措施，可有效地控制电池温度的急剧上升，缩短电池处于高温的时间，防止电池热失控，提高电池组的使用寿命。其工作原理如图 4-1-10 所示。

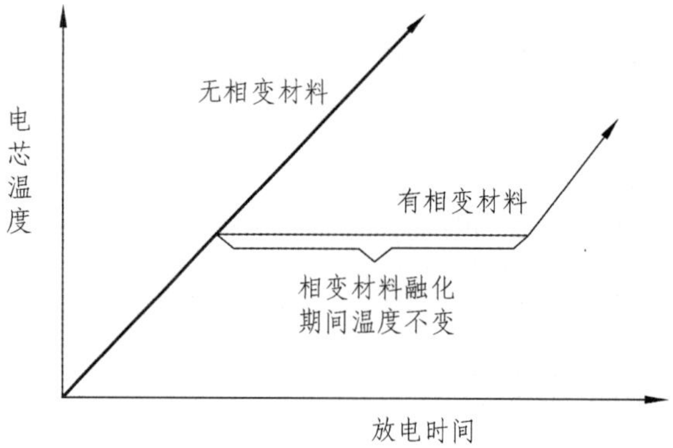

图 4-1-10　PCM 冷却技术工作原理

实训项目 4.1　北汽 EV160 纯电动汽车动力蓄电池冷却系统的检测

一、工作准备

（1）分组，确定小组长，明确组员分工。
（2）防护装备：安全用电装备等。
（3）能连接互联网的计算机或移动终端。
（4）专用工具、设备：万用表、新能源汽车解码器等。
（5）手工工具：常用工具套装。
（6）辅助材料：动力电池相关技术资料。

二、任实施务

1. 检测水泵保险丝

关闭电源开关，保管好车钥匙，拆下低压蓄电池负极并用电工胶布包裹，取下保险丝盒盖，取下 MB02（20 A）水泵保险丝，万用表红表笔和黑表笔分别连接保险丝两个端子，测量值为 1.0 Ω，说明保险丝正常无损坏，测量保险丝线路对地是否短路，如图 4-1-11 所示。

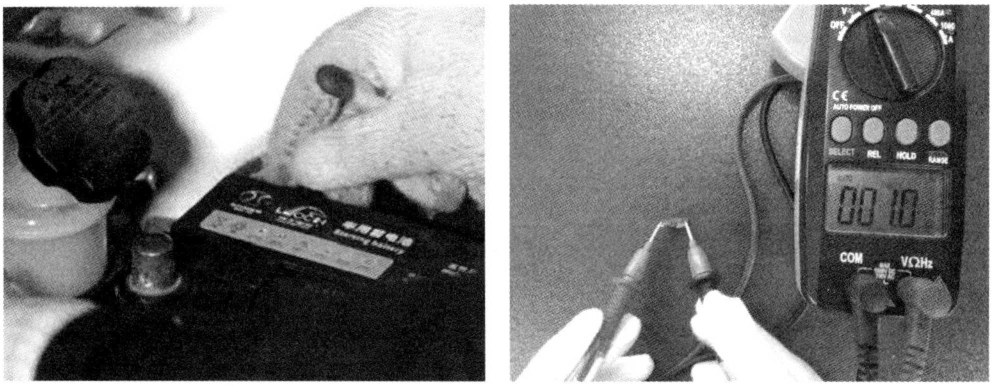

图 4-1-11　检测保险丝

2. 检测保险丝到水泵继电器端线路

取下 R05 水泵继电器，检测保险丝到继电器 30 号端子的线路通断状况（正常状态下为导通），检测保险丝到继电器 86 号端子的线路通断状况（正常状态下为导通）。

3. 检测继电器到电子水泵线路

万用表黑表笔连接继电器 87 号端子，红表笔连接电子水泵插接器 1 号脚，检测通断状况（正常状态下为导通）。

4. 检测控制单元 VCU 线路

拆卸控制单元 VCU 插接器，万用表红表笔连接水泵继电器 85 号线束端子，黑表笔连接控制单元 VCU 115 号端子，经测量为导通（正常状态下为导通）；黑表笔连接控制单元 VCU 115 号端子，红表笔连接车身搭铁，经测量为导通（正常状态下为导通），如图 4-1-12 所示。

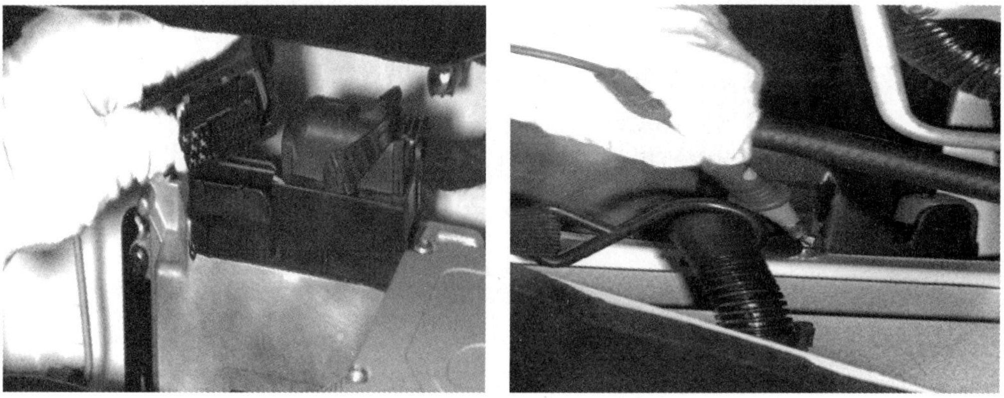

图 4-1-12 检查控制单元 VCU 线路的通断

5. 检测水泵继电器

（1）检测继电器线圈电阻。万用表红表笔连接继电器 86 号端子，黑表笔连接继电器 85 号端子，测量值为 76.6 Ω，正常（正常范围：75 ~ 80 Ω）。

（2）检测绝缘性。万用表红表笔连接继电器 85 号线束端子，黑表笔分别连接继电器 30 号和 87 号端子，测量值为无穷大（正常状态下为无穷大）；黑表笔连接继电器 86 号端子，红表笔分别连接继电器 30 号和 87 号端子，测量值为无穷大（正常状态下为无穷大），继电器线圈绝缘性正常，如图 4-1-13 所示。

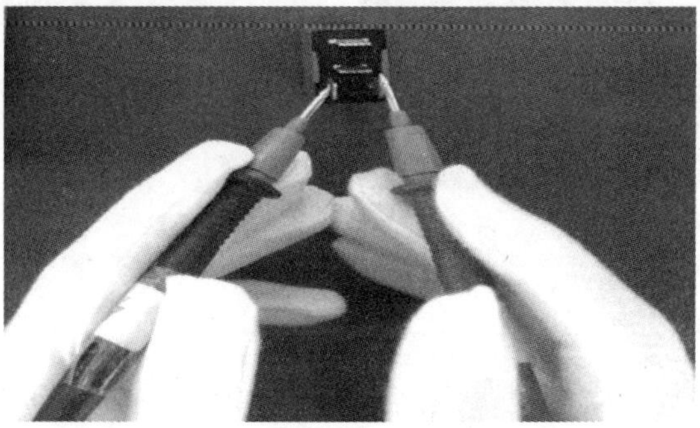

图 4-1-13 检测继电器线圈电阻、绝缘性

（3）继电器加载测量。12 V 电源分别与继电器 86 号端子、85 号端子相连接；万用表旋转至电阻挡，万用表红、黑表笔分别与继电器 30 号端子、87 号端子相连接，经测量电阻值为 0.1 Ω（正常状态应小于 1 Ω），如图 4-1-14 所示。

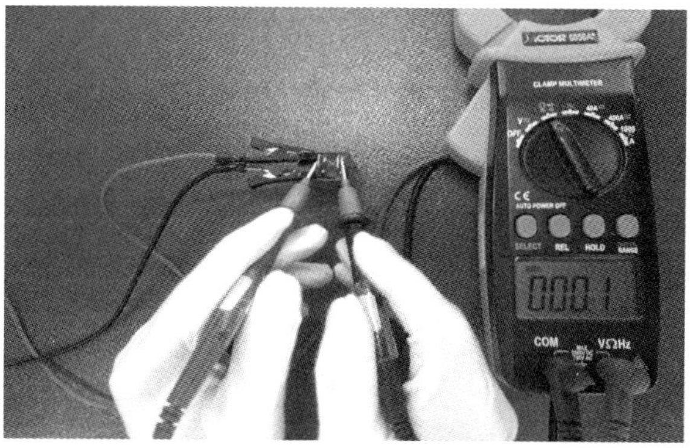

图 4-1-14 继电器加载测量

三、评价与反馈

考核项目	评分标准	分数	学生自评	小组互评	教师评价	小计
团队合作	是否和谐	5				
活动参与	是否积极主动	5				
安全操作	有无安全隐患	10				
现场 6S	是否做到	10				
任务方案	是否正确合理	15				
操作过程	按操作步骤完成并完成相关内容填写	30				
课题完成情况	是否圆满完成	5				
工具和设备使用	是否规范标准	10				
劳动纪律	是否严格遵守	5				
工单填写	是否完整规范	5				
总分		100				
教师签名			得分			

任务练习

1. 简述动力蓄电池冷却系统的检测过程。
2. 简述动力蓄电池加热系统的更换操作步骤。

学习任务 4.2　风冷和液冷散热系统

学习目标

1. 掌握动力电池风冷散热系统的特点。
2. 掌握动力电池液冷散热系统的特点。
3. 了解动力电池热管理系统散热结构。

一、风冷散热系统

风冷是目前电动车电源系统中应用最广泛的散热方式，强制气流可以通过风扇产生，也可以利用汽车行驶过程中的迎面风或者压缩空气等产生。与其他方法相比，风冷结构相对简单、安全，维护也方便。日本丰田公司的混合动力电动汽车 Prius 和本田公司的 Insight 都采用风冷的形式，尼桑、通用等汽车公司研制的热管理系统也采用强制风冷形式。国内的各种类型的电动车电源系统基本上也是采用风冷系统。风冷方式重量相对较小，没有发生漏液的可能，有害气体产生时能有效通风，成本较低。其缺点在于与电池表面之间的热交换系数低，冷却、加热速度慢，电池箱内部温度均匀性不容易控制，电池箱的密封设计较难，防尘、防水效果较差。

（一）影响风冷散热的主要因素

（1）单体电池性能。
（2）进/出风口位置。
（3）风机。
（4）流通面积。
（5）流场设计。
（6）电池包覆材料。
（7）电池组支撑材料。

（二）热管理系统散热结构设计

1. 流场设计

电动汽车电池箱内不同模块之间的温度差异会加剧电池内阻和容量的不一致性，如果长时间积累，会造成部分电池过充电或过放电，进而影响电池的寿命与性能，并造成安全隐患。电池箱内电池模块的温度差异与电池组布置有很大关系，一般情况下，中间位置的电池容易积累热量，边缘的电池散热条件较好。所以，在进行电池组结构布置和散热设计时，要尽量保证电池组散热的均匀性。以风冷散热为例，通风方式一般有串行（见图 4-2-1）、并行（见图 4-2-2）和混行（见图 4-2-3）三种。

在串行通风方式下，冷空气从左侧进入、从右侧排出。空气在流动过程中不断被加热，所以右侧的冷却效果要比左侧差，电池箱内电池组温度从左到右逐渐升高，电池组内的温差比较大，流经路径越长，温差越大。第一代丰田 Prius 和本田 Insight 都采用串行通风方式。在进风温度为 25 °C 的情况下，温差达到 18 °C。对于比较小的电池包，可以采用此种方式。

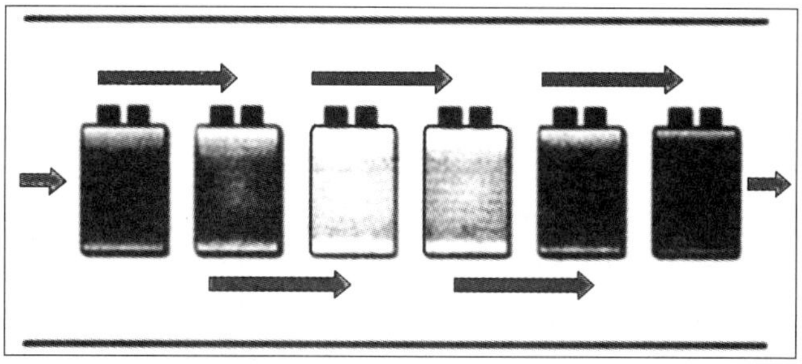

图 4-2-1　串行通风

并行通风方式（见图 4-2-2）使得空气流量在电池模块间分布更均匀。并行通风方式需要对进排风通道、电池布置位置进行很好地设计。丰田新 Prius 采用的就是并行通风方式，其楔形的进排气通道使得不同模块间隙上下的压力基本保持一致，确保了吹过不同电池模块的空气流量的一致性。在进风温度为 25 °C 的情况下温差达到 9 °C。目前大部分风冷系统都采用此种结构。

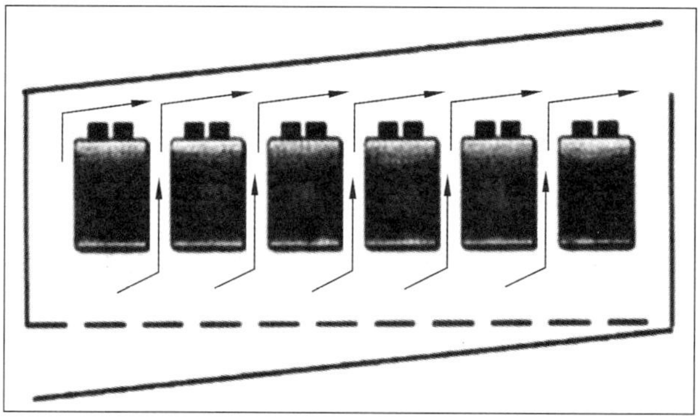

图 4-2-2　并行通风

电源系统在应用过程中，除了电池自身产热外，电池之间的连接电阻产生的热量也是重要的热量来源，并且这部分过热会带来其他严重的后果，如连接松动等。对于方形电池，接线柱一般处于上方，采用混行方式（见图 4-2-3），可以达到对局部产热重点冷却的作用，从而使系统内各电池的温度分布更加均匀。

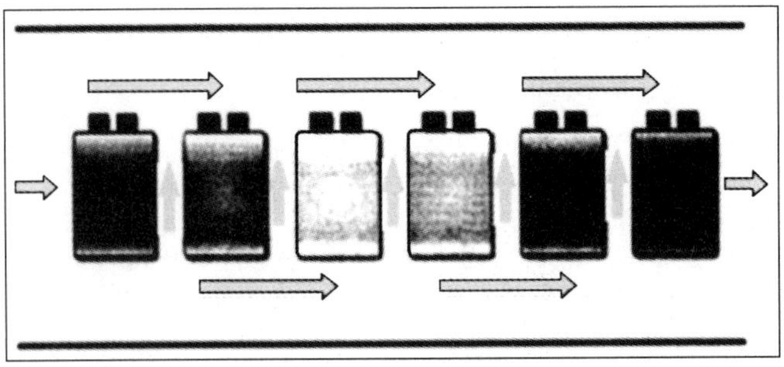

图 4-2-3　混行通风

在加热系统中，除了采用将热空气引入电池包中的方式外，还可以采用其他方式，如图 4-2-4 ~ 图 4-2-7 所示。

图 4-2-4　电池列前后绕线硅胶加热线

图 4-2-5　电池列间添加电热膜

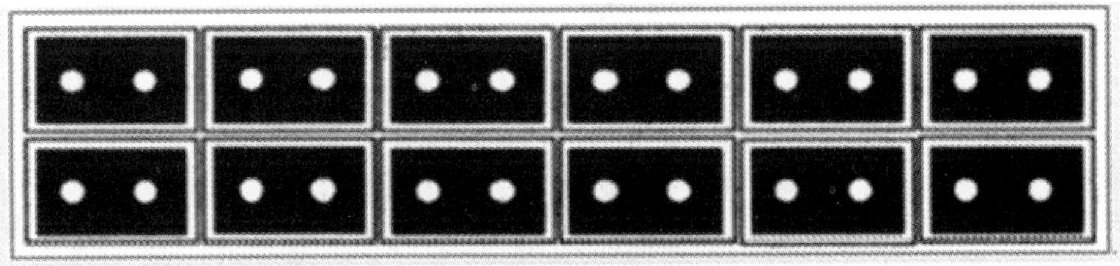

图 4-2-6　电池本体上包裹电热膜

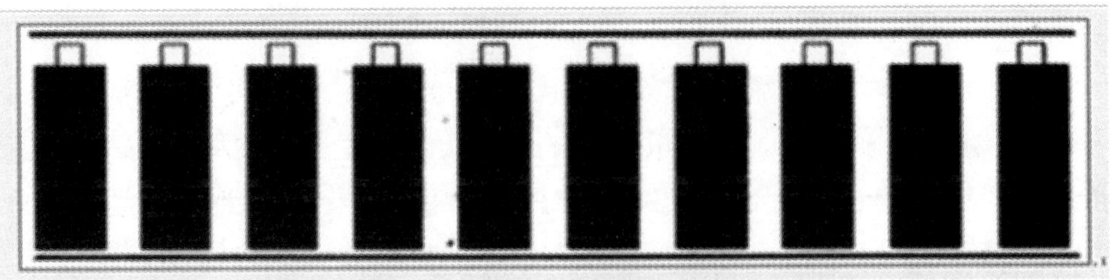

图 4-2-7　电池上、下添加加热板

热管理系统按照是否有内部加热装置或制冷装置分为被动式和主动式两种。图 4-2-8 ~ 图 4-2-10 为空气加热与散热主、被动结构示意图。

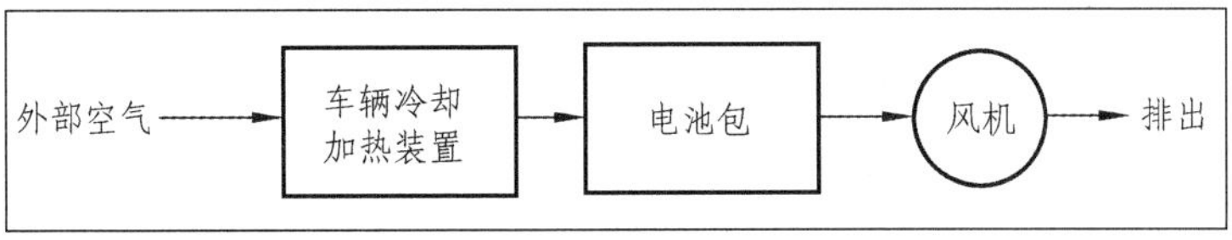

图 4-2-8　被动加热与散热——外部空气流通

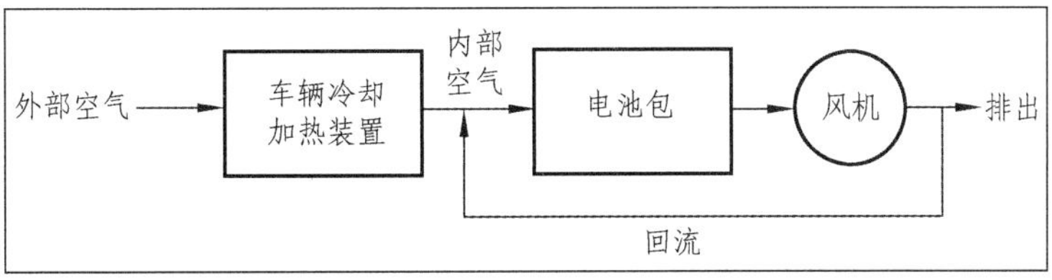

图 4-2-9　被动加热与散热——内部空气流通

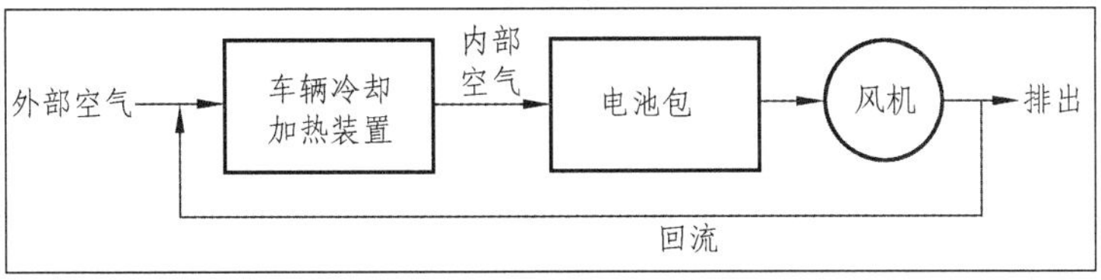

图 4-2-10　主动加热与散热——外部和内部空气流通

图 4-2-8 和图 4-2-9 中，尽管空气是经过汽车空调或供暖系统冷却和加热的，但它仍然是一种被动系统。运用这种系统，由于引入环境空气的温度的不一致性，环境空气必须在一定温度范围内（10 ~ 35 °C）才能正常进行管理，而在环境极冷或极热条件下运行电池包可能会产生更大的不均匀。

2. 电池排布

电池及电池模块的排布对流场的影响比较大。睦艳辉等人对圆柱形电池的不同排布方式对电动汽车电源系统温度均匀性的影响进行了研究，采用数值模拟的方法，利用 ANSYS CFX 软件研究交错排列的 Ni/MH 电池组及梯形排列的电池组内的共轭传热（见图 4-2-11）。通过梯形排列以及合理的进、出风口设计来提高电池组的散热能力以及电池组的温度均匀性。

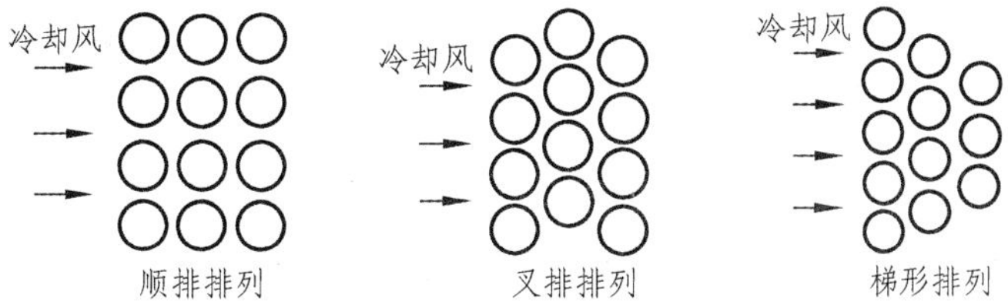

图 4-2-11　圆柱形电池的不同排列方式

通常，单体电池首先被组装成 12 V、24 V 等的标准模块，此时应注意单体电池要以背靠背的形式组合在一起。另外一个重要的设计特点是末端的电池应有较大的暴露背面，以便于冷却。不过这也增大了电池模块内发生热失衡以及由此导致的荷电状态失衡的风险。而荷电状态的失衡将导致电池过早失效。因此，在合理的模块设计中必须对模块的端板和散热片加以考虑。

电池模块的组装结构多种多样，不管何种结构，设计中都一定要考虑模块间距、空气的通道以及电池组散热片的特点，以平衡模块间的冷却效果。在方形电池组合中，相对来说模块中间的电池散热性能会较差，在设计中可以加大中间电池之间的流体通道，提高电池温度的均匀性，但这样会增加设计难度和成本。

梯形排列增大了上下游风压，平衡了上下游的散热条件，使温度均匀性更好。叉排电池组中，上下游流场分布基本一致，造成上下游散热条件不平衡，温度均匀性较差。

3. 风　机

影响风机性能的主要参数有 3 个：风量、风压、转速。风机的种类主要有轴流风机、离心风机、混流式风机等。

在设计电动汽车电池热管理系统时，希望选择的风机种类与功率、温度传感器数量与测温点位置都恰到好处。在保证一定散热效果的情况下，应尽量减小流动阻力，降低风机噪音和功率消耗，提高整个系统的效率。

4. 温度传感器的数量与分布

电池箱内电池组的温度分布一般是不均匀的，因此需要知道不同条件下电池组热场分布以确定危险的温度点。测温传感器数量多，有测温全面的优点，但会增加系统成本。考虑温度传感器有可能失效，整个系统中温度传感器数量又不能太少，应至少有 2 个。一般情况下，应保证温度传感器不被冷却风吹到，以提高温度测量的准确性和稳定性。比如，可以在适当位置设计合适的孔穴。日本丰田公司的 Prius 车用电池组有 228 个单体，测温点的检测由 5 个温度传感器完成。一般进风口的温度和出风口的温度是需要测量的，电池组内可能的最高温度点也是需要测量的。

5. 进出风口设计

电池箱排气口的选择十分重要，排气口位置的选择合适与否会影响电池箱内冷却风扇的工作性能。如何利用汽车前进时在电池箱某些部位造成的负压区，加速电池箱内气体的排除也是值得考虑的一个问题。

二、液冷散热系统

在一般工况下，采用空气介质冷却即可满足要求；但在复杂工况下，液体冷却才可达到动力蓄电池的散热要求，即采用液体与外界空气进行热交换把电池组产生的热量送出，在模块间布置管线或围绕模块布置夹套，甚至把模块沉浸在电介质的液体中。

若液体与模块间采用传热管、夹套等，传热介质可以采用水、乙二醇、油甚至制冷剂等。若电池模块沉浸在电介质传热液体中，必须采用绝缘措施防止短路。传热介质和电池模块壁之间进行传热的速率主要取决于液体的热导率、黏度、密度和流动速率。在相同的流速下，空气的传热速率远低于直接接触式流体，这是因为液体边界层薄，导热率高。

目前，制造商不愿意选择液体冷却是因为密封不好会导致液体泄漏，所以密封设计是极其重要的。

（一）液冷与风冷的比较

液冷与风冷各有其特点，如表 4-2-1 所示。

表 4-2-1　液冷与风冷的对比

项目	风冷	液冷
优点	1. 结构简单，重量相对较轻； 2. 没有发生漏液的可能； 3. 有害气体产生时能有效通风； 4. 成本较低	1. 传热更有效； 2. 电池组温度均匀性好； 3. 可与车辆冷却系统整合在一起； 4. 与电池壁面间的热交换系数高，冷却、加热速度快； 5. 体积小
缺点	1. 空气在电池组内的分布复杂； 2. 与电池壁面间的交换系数低，冷却、加热速度慢； 3. 吸入的空气必须滤掉尘和土； 4. 受环境温度影响大	1. 存在漏液的可能； 2. 重量相对较大； 3. 维修和保养复杂； 4. 需要水套、热交换器等部件，结构复杂

（二）传热介质选择

传热介质的选择对液冷热管理系统的性能有很大影响，传热介质要在设计热管理系统前确定。直接接触式的液冷所用的是电绝缘且热导率高的液体（如硅基油、矿物油）直接接触单体电池或模块，它能够很好地解决模块温度均匀化的问题。但是由于绝缘液体通常黏度比较大，流速不会很高，从而限制了其换热效果，系统的热交换效率很大程度上取决于液体的热导率、黏度、密度、速度以及流体流过电池的方式。间接接触式液冷中，液体在管道内流动，通过翅片等与电池直接接触，将热量通过翅片传递，通过液体流动换热带走，从而冷却电池。由于没有绝缘要求，且没有流速限制，所以可以选用热导率高但是绝缘性不好的液体，换热效果非常好。但温度均匀性比直接接触式液冷要差一些。为了防止泄露造成短路，这种方法对管道的密封要求比较高。一般选用的传热介质主要有水、乙二醇、硅酮、石蜡等。各类传热介质的主要性质见表 4-2-2。

表 4-2-2　各类传热介质的主要性质

性能/冷却剂	空气	矿物油	水/乙二醇
密度ρ/（kg/cm^3）	1.225	924.1	1069
比热容C_p/[J/（kg·K）]	1006.43	1900	3323
热导率κ/[W/（m·K）]	0.0242	0.13	0.3892
运动黏滞度ν/（m^3/s）	1.461e^{-5}	5.6 e^{-5}	2.582e^{-6}

冷却剂的选取还必须考虑在极低温度下的防冻，否则在极低温度下运行，冷却剂变为固体，体积改变会损坏整套冷却系统及电动汽车电池组。

（三）液冷系统的设计

液冷系统的设计必须与整车设计联系在一起。液体冷却介质起到的作用只是一种热量交换，即将电池产生的热量传递到液体中，液体温度升高，并不能将产生的热量排放出去，必须经过其他的热交换措施如热交换器、车辆的空调系统等。同时，液体的流动必须在一定的压力下才能进行，所以要考虑用泵来加压，以加快液体的流动。图 4-2-12 为常用的 3 种集中液冷系统设计模式。

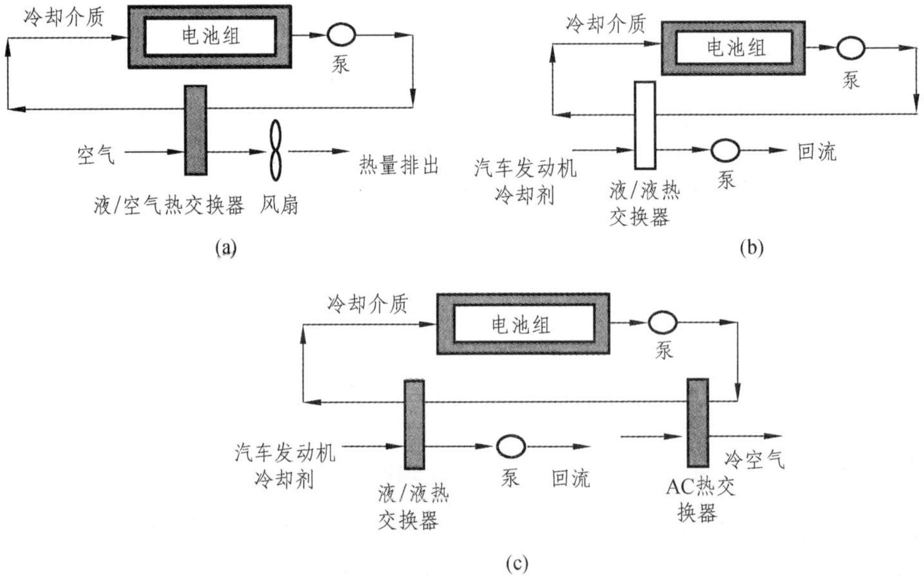

图 4-2-12　常用集中液冷设计模式

与风冷系统不同，液冷系统不能将电池内部产生的气体排放出去，必须采用集中式排气方式。

Saft VL20P 液冷结构的 42 V 模块，装在 42 V 混合电动车上，对于典型的 42 V 混合电动应用，电池组温升不超过 5 °C，采取更严格的最大电流限制的制度进行测试，温升也不超过 10 °C，并且电池组内电池之间温差小于 2 °C。

图 4-2-13 所示为采用液冷系统的纯电动客车用 24 V、300 A·h 磷酸铁锂电池包在 1 C 充电情况下的内部温度变化曲线。在充电过程中进行液冷，电池组内部温差小于 3 °C。放电过程不冷却，连续两次充放电循环，电池组温度最高不超过 40 °C，可以满足电动汽车车辆连续运行的要求。

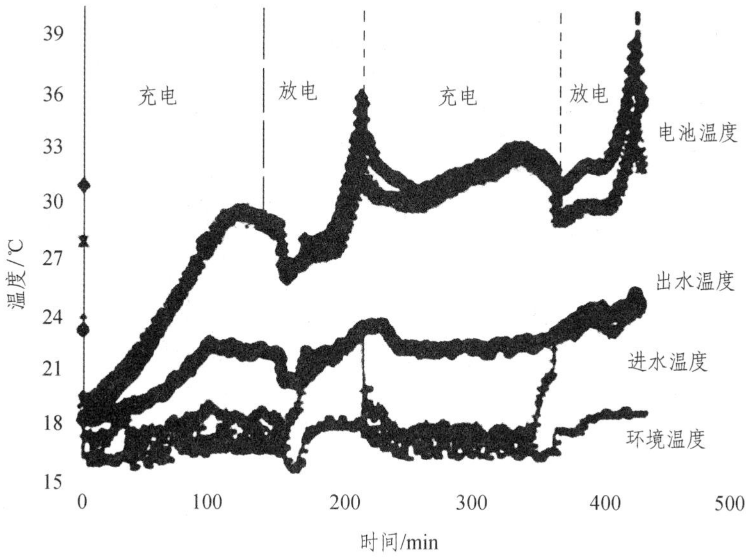

图 4-2-13　磷酸铁锂液冷系统温度变化

下面我们以特斯拉电动汽车电池热管理系统为例了解一下液冷式电池热管理系统。

Tesla Motors 公司的 Roadster 纯电动汽车采用了液冷式电池热管理系统。车载电池组由 6831 节 18650 型锂离子电池组成，其中每 69 节并联为一组，再将 9 组串联为一层，最后串联堆叠 11 层构成。电池热管理系统的冷却液为 50%的水与 50%的乙二醇混合物。

电池板内除了电池组外，最多的都是“冷却液”管路（见图 4-2-14），每组电池都需要通入一定量的“冷却液”。

（a）

“冷却液”通入电池组内，并且通过铝管在电池组内流动。实际上拆解的时候并没有发现泵或者温度控制器。

（b）

“冷却液”通入电池组内，并且通过铝管在电池组内流动。实际上拆解的时候并没有发现泵或者温度控制器。

（c）

图 4-2-14　电池冷却液管路

虽然“冷却液”并没有泵驱动主动流动，但整个电池板所有管路都是相通的，“冷却液”可以热胀冷缩进行一定范围内的流动。

通过上述热管理系统，将 Roadster 电池组内各单体电池的温度差异控制在 ± 2 °C 以内。

三、相变材料的应用

风冷和液冷系统的不足之处：一方面，系统复杂且占用的空间较大；另一方面，电池应用产生的热量未能回收。在寒冷地区启动车辆时需要给电池组加热，这样不利于能量的合理应用，采用相变材料（PCM）的热管理系统可以克服这些缺点。

（一）相变和相变材料

1. 相　变

相变指物质从一种相转变为另一种相的过程。物质系统中物理、化学性质完全相同，与其他部分具有明显分界面的均匀部分称为相。与固、液、气三态对应，物质有固相、液相、气相。相变又分为两种：一级相变和二级相变。

1）一级相变

发生相变时，在体积变化的同时有热量的吸收或释放，这类相变即称为“一级相变”。

2）二级相变

发生相变时，在体积不变化的情况下，也没有热量的吸收和释放，只发生了热容量、热膨胀系数和等温压缩系数等的物理量的变化，这一类变化称为二级相变。正常液态氦（氦Ⅰ）与超流氦（氦Ⅱ）之间的转变，正常导体与超导体之间的转变，顺磁体与铁磁体之间的转变，合金的有序态与无序态之间的转变等都是典型的二级相变的例子。

2. 相变材料

相变材料（Phase Change Material，PCM）是指随温度变化而改变物理性质并能提供潜热的物质。转变物理性质的过程称为相变过程，这时相变材料将吸收或释放大量的潜热。

相变材料在其相变温度附近发生相变，释放或吸收大量热量。相变材料的这一特征可用于储存能量或控制环境温度，在许多领域具有应用价值。相变材料具有在一定温度范围内改变其物理状态的能力。以固-液相变为例，在加热到熔化温度时，会产生从固态到液态的相变，熔化的过程中，相变材料吸收并储存大量的潜热。

当相变材料冷却时，储存的热量在一定的温度范围内会散发到环境中去，进行从液态到固态的逆相变。在这两种相变过程中，所储存或释放的能量称为相变潜热。

物理状态发生变化时，材料自身的温度在相变完成前几乎维持不变，形成一个宽的温度平台，虽然温度不变，但吸收或者释放的潜热却相当大。相变储能工作原理如图4-2-15所示。

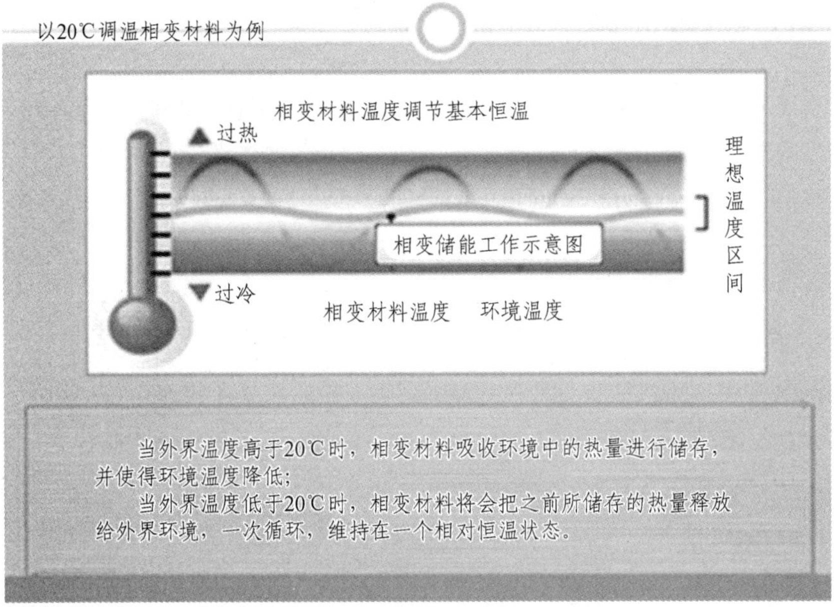

图 4-2-15　相变储能工作原理示意图

图 4-2-16 为相变储能与普通储能方式的对比。

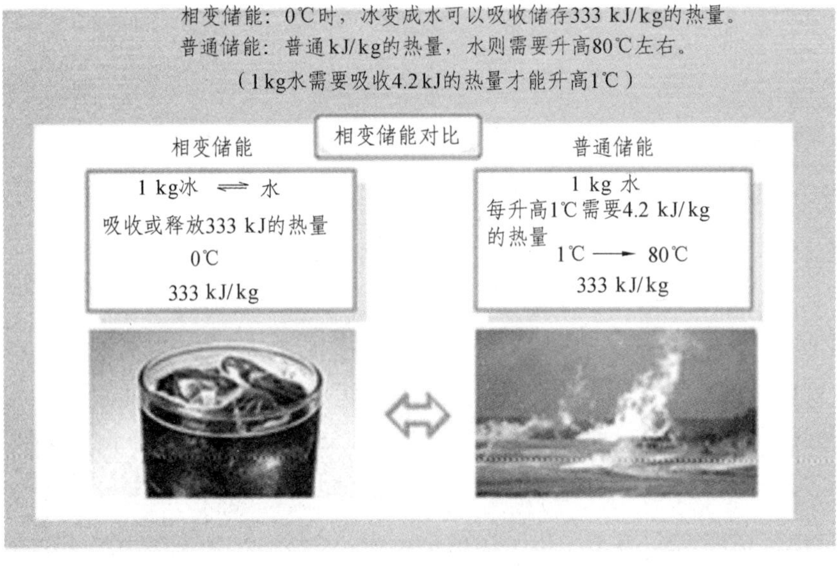

图 4-2-16　相变储能与普通储能方式对比

相变材料可分为固-固、固-液、液-气和固-气四大类。液-气和固-气相变潜热很大，但是相变时有气体产生，容积的变化非常大。在电动汽车车用动力电源系统中，通常采用固-液相变材料。相变材料可以是无机物或有机物质，可以单独使用也可以混合使用。无机类 PCM 主要有结晶水合盐类、熔融盐类、金属或合金类等，其相变蓄热过程比较稳定，但在放热过程中存在较严重的过冷现象和相分离，一般要加入成核剂和增稠剂；有机类 PCM 主要包括石蜡、醋酸和其他有机物（见图 4-2-17），石蜡的相变潜热比较高，融化时蒸气压低，容易获得、价格便宜，但热导率低和体积变化大；脂肪酸具有较好的熔化和凝固特性，化学性质稳定，无毒性，而且相变过程中体积变化小、相变潜热大，比较适合电动车动力电源系统的应用。

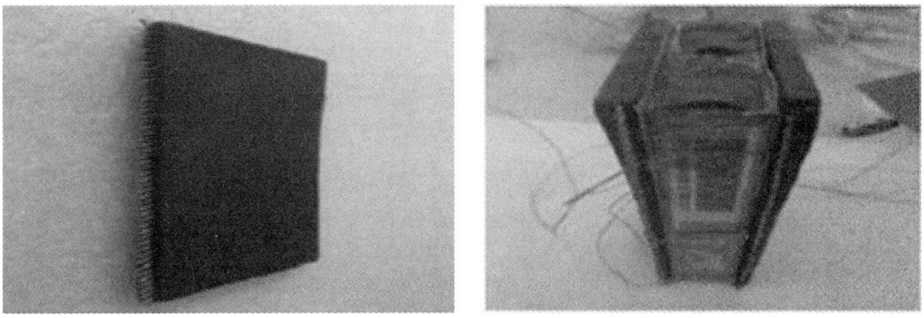

（a）实物图　　（b）相变材料的放置

图 4-2-17　石墨/石蜡复合相变材料

近年来，复合相变储热材料应运而生，它既能有效克服单一的无机物或有机物相变储热材料存在的缺点，又可以改善相变材料的应用效果以及拓展其应用范围，因此，研制复合相变储热材料已成为储热材料领域的热点研究课题。但是混合相变材料也存在可能会带来相变潜热下降，或者在长期的相变过程中容易变性等缺点（见图 4-2-18）。

图 4-2-18　动力电池散热降温复合相变材料模块 PCM

3. 相变材料的选择

PCM 在热管理系统中的作用是吸收和储存电池产生的热量，减小电池堆中的温度变化。PCM 的相变潜热和相变温度决定了可以吸收和储存热量的数量及其发生储热过程的温度，这是选择 PCM 材料的两个重要参考指标。

合适的相变材料应具有以下几个特点：

（1）熔化潜热高，使其在相变中能储藏或放出较多的热量。

（2）相变过程可逆性好，膨胀收缩性小，过冷或过热现象少。

（3）有合适的相变温度，能满足需要控制的特定温度。

（4）热导率大，密度大，比热容大。

（5）相变材料无毒，无腐蚀性，成本低，制造方便。

在实际研制过程中，要找到满足这些理想条件的相变材料非常困难。因此，人们往往先考虑有合适的相变温度和有较大相变潜热的相变材料，而后再考虑各种影响研究和应用的综合性因素。

相比而言，石蜡尽管具有比较高的单位质量相变潜热，在电池运行温度范围内也具有高的熔化温度，且成本较低，有很大的商业运行可行性，但由于其导热性很差，导致其储热速度降低，而且容易引起在熔化和固化循环过程中的离析，进而降低其作为相变发生器的整体功能。因此，许多研究者开展了旨在克服其低热导率缺陷的研究，如采用添加金属填料、金属阵列结构等。

随着先进碳材料的应用开发，有研究者提出在 PCM 中添加碳纤维，或将碳纳米管分散在 PCM 中来提高复合材料的综合性能，这些方法可以很大程度上提高其热导率。图 4-2-19 所示为特斯拉锂电池所用的 PCM。

图 4-2-19　特斯拉锂电池用 PCM

电动汽车电池正常应用的最佳温度范围为 20 ~ 40 °C，一般环境温度在 35 °C 以下。所以，选择的 PCM 相变温度一般应为 38 ~ 40 °C。选择的温度过低，PCM 会直接从环境中吸热发生相变，达不到降温效果；选择的温度过高，则会影响到电池的性能和寿命。

例如，在野外电池应用中，电池保护外套采用一个绝缘的屏障以保护电池免受过高环境温度变化的影响。这是利用相变材料将电池的四周和底部紧密包围来实现的。相变材料的优越性在于，当材料发生相变时，其温度停留在一恒定温度上。日间电池盒的温度升高，当温度到达相变温度时，相变材料开始熔化。相变材料（和电池）将停留在此温度（即使电池四周的环境温度远在此温度之上）直到相变材料完全熔化。在温度较低的傍晚和夜间，电池盒的温度将降低，当温度下降到相变温度以下时，相变材料开始凝固。在这个过程中，相变材料（和电池）将停留在相变温度直到相变材料完全固化。这个变化周期将每天不断地重复，有可能长达 10 年以上的时间。

（二）相变材料在电动汽车上的应用

采用相变材料的一个最大优点是可以保证系统内各电池温度的一致性。但相变材料只是一个吸热或储热材料，其自身并不具有散热能力。而电动汽车应用过程中，必须将电池产生的热量散发出去。所以，采用相变材料必须另外附加其他散热系统。从应用角度讲，其较适合于 EV 车辆的应用。EV 车辆应用过程中，充电产生的热量是主要原因，车辆充电一般为固定式充电，充电环境容易控制。此时可以采用风、水等其他措施将相变材料吸收的热量散发出去，车辆行驶（放电）过程中，PCM 又可以吸收产生的热量。另外可以利用环境的昼夜温差，晚上将 PCM 冷却。但电动车的应用环境比较复杂，因此，相变材料在电动汽车上应用不是很方便，它适宜于固定环境或小型电池组的应用。

实训项目 4.2　比亚迪 2019 款 e5 动力蓄电池加热系统的检测与更换

一、工作准备

（1）分组，确定小组长，明确组员分工。

（2）防护装备：安全用电装备等。

（3）能连接互联网的计算机或移动终端。

（4）专用工具、设备：万用表、新能源汽车解码器等。

（5）手工工具：常用工具套装。

（6）辅助材料：动力电池相关技术资料。

二、任实施务

1. 动力蓄电池加热系统的检测

比亚迪 2019 款 e5 配置的 6 kW 加热器（空调、电池加热共用），需要对 PTC 加热补偿水桶液位、管路、PTC 加热器进行检查，如图 4-2-20 所示。

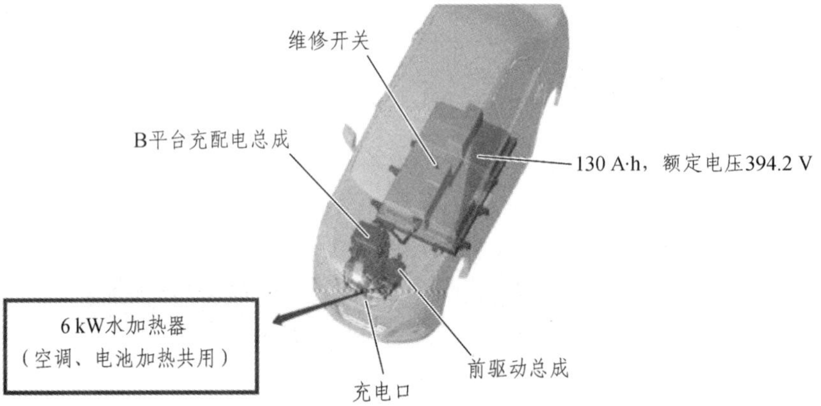

图 4-2-20　6 kW 水加热器

注意：

6 kW 水加热器（空调、电池加热共用）：给空调系统制热，给电池包在冬天行驶或充电时提供加热，避免电池无法正常充放电。

（1）PTC 加热补偿水桶液位的检查：检查 PTC 加热补偿水桶液位是否在 MAX 线，若不足需添加，检查冷却液有无变质、异物等，如图 4-2-21 所示。

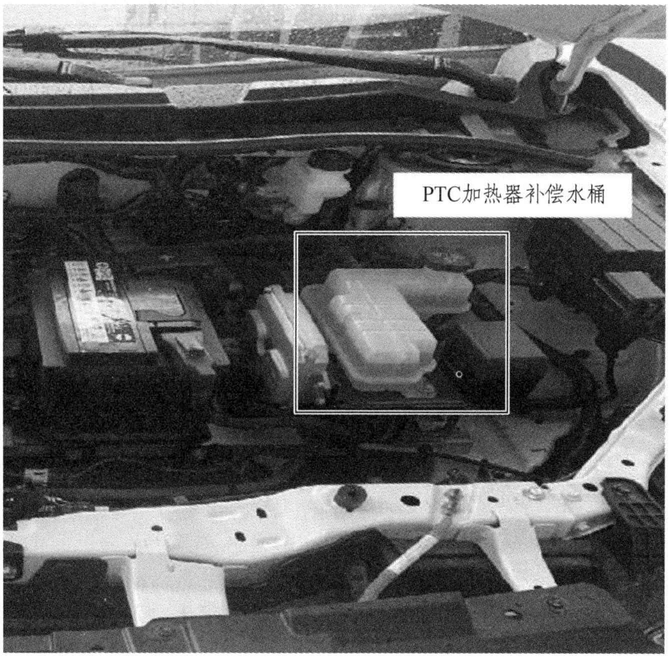

图 4-2-21　PTC 加热补偿水桶液位的检查

（2）PTC 加热器管路、连接器的检查：检查 PTC 加热器管路连接是否正常，有无破损、裂纹、损伤和泄漏，连接器、卡箍是否安装牢固等，如图 4-2-22 所示。

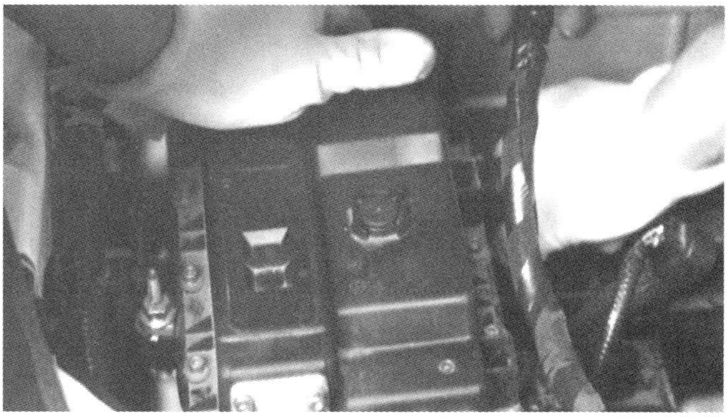

图 4-2-22　PTC 加热器管路的检查

（3）PTC 加热器的检查：检查 PTC 加热器表面有无破损、变形、裂纹，连接器有无弯曲、缺失。

（4）PTC 高压线束绝缘性的检查：使用绝缘电阻测试仪，测量 PTC 水加热器连接插头绝缘（对地）电阻值，经测量为 169 MΩ符合绝缘要求，如图 4-2-23 所示。

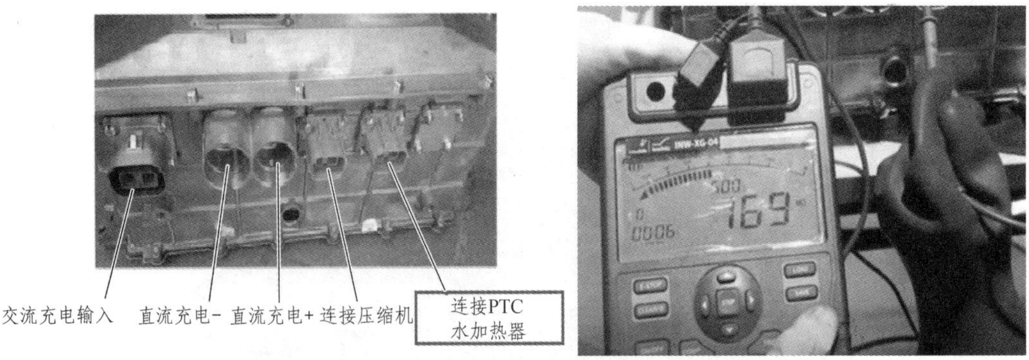

图 4-2-23　检查 PTC 高压线束绝缘性

2. 动力蓄电池加热系统的更换

以 2019 款比亚迪 e5 动力蓄电池 PTC 加热器更换为例。

（1）拆卸负极，取下低压蓄电池，如图 4-2-24 所示。

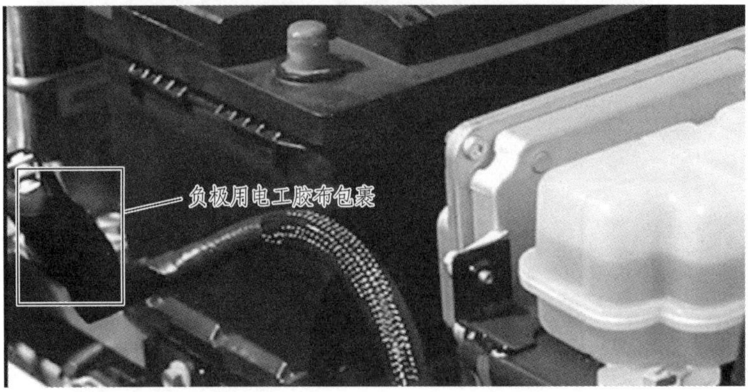

图 4-2-24　拆卸负极，取下低压蓄电池

（2）抽取 PTC 补偿水桶内冷却液，断开水桶与出水管，吹出系统内剩余补偿液，如图 4-2-25 所示。

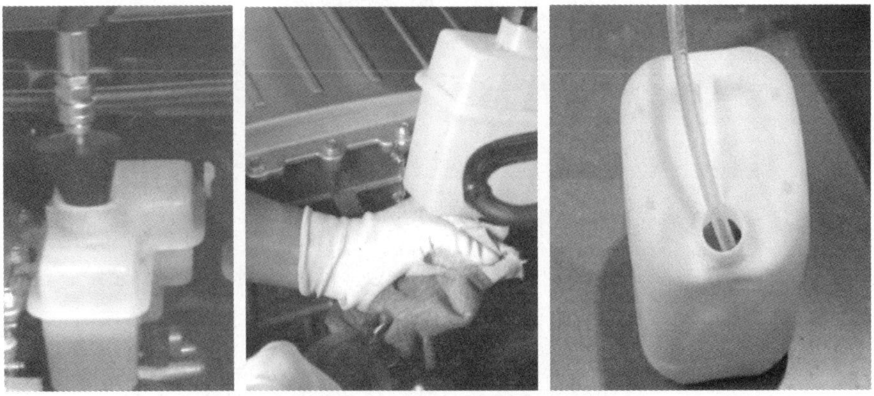

图 4-2-25　排出 PTC 水桶内冷却液

（3）拆下 PTC 模块各线束，取下 PTC 模块连接水管，如图 4-2-26 所示。

图 4-2-26　拆下 PTC 模块各线束

（4）拆下 PTC 模块固定螺栓，拆下 PTC 模块，如图 4-2-27 所示。

图 4-2-27　拆下 PTC 模块

（5）安装新的 PTC 模块，如图 4-2-28 所示。

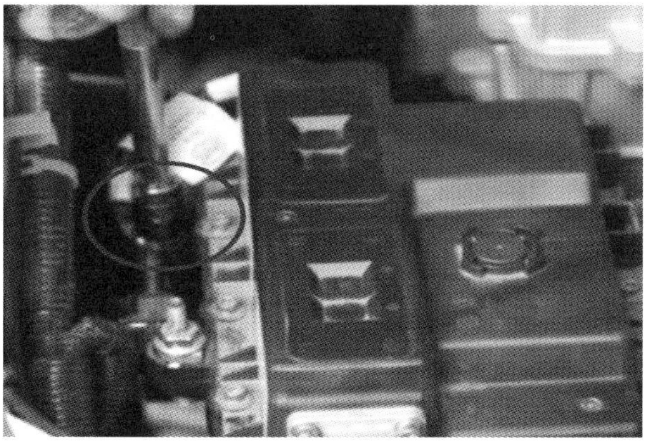

图 4-2-28　安装新的 PTC 模块

（三）评价与反馈

考核项目	评分标准	分数	学生自评	小组互评	教师评价	小计
团队合作	是否和谐	5				
活动参与	是否积极主动	5				
安全操作	有无安全隐患	10				
现场 6S	是否做到	10				
任务方案	是否正确合理	15				
操作过程	按操作步骤完成并完成相关内容填写	30				
课题完成情况	是否圆满完成	5				
工具和设备使用	是否规范标准	10				
劳动纪律	是否严格遵守	5				
工单填写	是否完整规范	5				
总分		100				
教师签名				得分		

任务练习

1. 动力电池管理系统风冷和液冷系统的不足之处有哪些？
2. 影响动力电池风冷散热的主要因素有哪些？
3. 什么是动力电池热管理系统散热结构设计？

项目5 新能源汽车动力电池拆装与维护

概 述

动力蓄电池作为新能源汽车的动力源，一旦出现故障就会造成整车高压系统无法正常上电从而导致车辆无法运行。因此，需要将动力蓄电池拆卸后，利用专用设备仪器进行检测与维修。

一辆比亚迪 e5 纯电动汽车因动力蓄电池故障而无法运行，被拖车运至店内，经过维修技师检查后，确认动力蓄电池需要更换。如何实施动力蓄电池的更换任务呢？

学习任务 5.1　动力电池组更换与检测

学习目标

1. 能够准确描述新能源汽车动力蓄电池的结构组成与安装位置。
2. 能够按操作规范完成动力蓄电池总成的拆装。
3. 能够独立完成动力蓄电池的基础检测项目。

一、动力蓄电池功用及组成

动力蓄电池是为电动汽车动力系统提供能量的蓄电池。它是纯电动汽车的核心，是纯电动汽车驱动能量的唯一来源，直接关系到电动汽车的动力性能、续航能力，也与电动汽车的安全性直接相关。动力蓄电池系统是集化学、电气和机械特性于一体的复杂系统，其中电芯的电化学特性所决定的充放电和安全性等特性，对动力蓄电池系统的设计制造和应用维修，起到决定性作用。

动力蓄电池作为电动汽车的动力来源，动力蓄电池系统通常由电芯（Cell）、电池管理系统（BMS）、冷却系统（Cooling system）、线束（Harness）、外壳（Housing）、结构件（Mechanical parts）等相关组件构成。

二、动力蓄电池结构

新能源汽车的动力蓄电池一般位于车辆底部前、后桥及两侧纵梁之间，安装在此处区域能使其具有较高碰撞安全性，可以降低车辆重心，车辆操控性更好。将新能源汽车的动力蓄电池安装在驾驶室后方的车架纵梁之上，不但使得拆装操作更加简单，避免了动力蓄电池安装分散，减少了动力蓄电池之间高压连接线束的使用，避免了线路连接过多的问题，而且节约了成本。

动力蓄电池一般安装在清洁、阴凉、通风、干燥的地方并避免受到阳光直射，同时远离加热器或其他辐射热源。动力蓄电池一般采用正立安装放置，不可倾斜。动力蓄电池组间配置通风措施，避免了因动力蓄电池损坏所产生的可燃气体引起爆炸和燃烧。

（一）混合动力汽车动力蓄电池

1. 丰田普锐斯混合动力汽车动力蓄电池结构

（1）结构：丰田普锐斯混合动力汽车动力蓄电池系统主要由电流传感器、保险丝、服务插销（高压维修开关）、系统主继电器、电池控制模块 ECU、电池通风温控系统及电池组等构成，如图 5-1-1 所示。

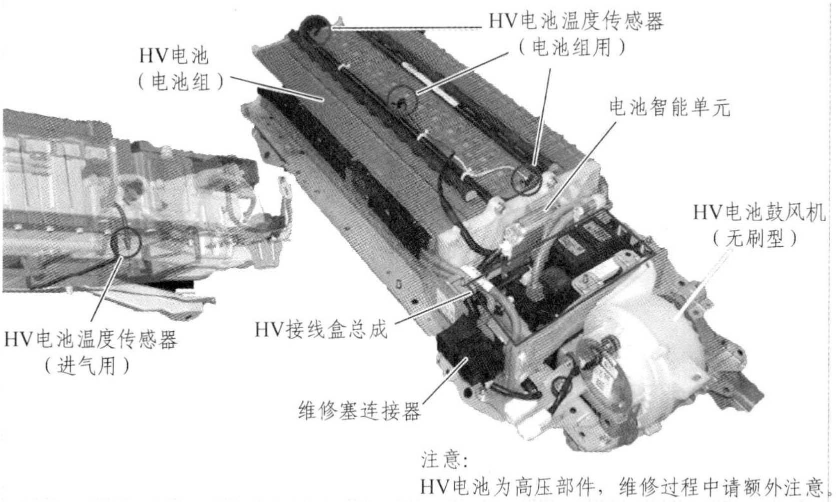

图 5-1-1　丰田普锐斯混合动力汽车动力蓄电池结构

丰田混动系统（Toyota Hybrid System，THS）是镍-氢蓄电池，其 HV 蓄电池有 228 个单电池：（1.2 V × 6 个单格电池）× 38 模块，额定电压为 DC 273.6 V。相比之下，丰田的第二代混动系统（简称 THS-Ⅱ）的 HV 蓄电池有 168 个单电池：（1.2 V × 6 个单格电池）× 28 模块，额定电压为 201.6 V。通过这些内部改进，蓄电池具有结构紧凑、重量轻等特点。

（2）安装位置：丰田普锐斯混合动力汽车动力蓄电池安装位置如图 5-1-2（a）所示。实物安装位置于车辆的后部，如图 5-1-2（b）所示。

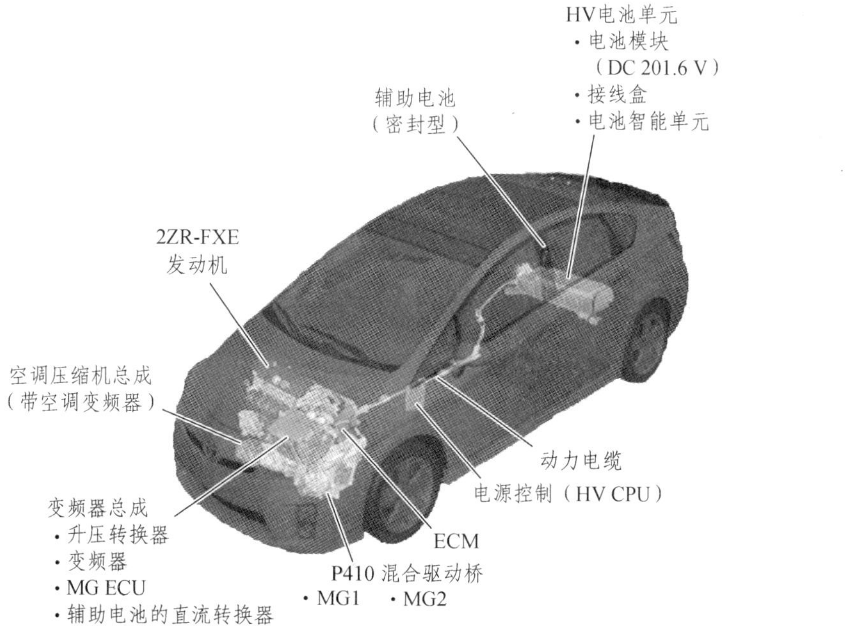

（a）普锐斯动力蓄电池组安装位置

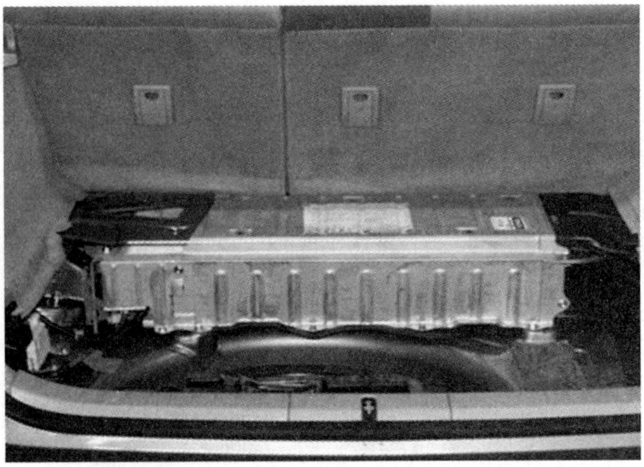

（b）普锐斯动力蓄电池实车图

图 5-1-2　普锐斯动力蓄电池安装位置

（3）技术参数：丰田普锐斯混合动力汽车动力蓄电池技术参数如表 5-1-1 所示。

表 5-1-1　丰田普锐斯混合动力汽车动力蓄电池技术参数

电池组	类型	密封型镍氢电池
	电池数量	168 cells （6 格×28 块）
	电压	201.6 V（1.2 V×168 cells）
维修塞	主保险	125 A
	互锁开关	有
HV 电池 冷却鼓风机	电机类型	无刷型电机
	风扇类型	Sirocco 风扇
HV 电池温度传感器		进气 1 个 电池组 3 个
HV 接线盒总成		电池电流传感器，电抗器

2. 比亚迪混合动力车动力蓄电池

（1）比亚迪混合动力蓄电池结构。比亚迪秦混合动力车动力蓄电池主要由 152 个单体组成的 10 个模组、电压及温度采样线束、电池隔板、安装支架组成，如图 5-1-3 所示。比亚迪唐混合动力车动力蓄电池主要由 8 个动力蓄电池模组、16 个动力蓄电池信息采集器、动力蓄电池串联线、动力蓄电池支架、动力蓄电池包密封罩、动力蓄电池采样线等组成，如图 5-1-4 所示。

图 5-1-3　比亚迪秦动力蓄电池结构

图 5-1-4　比亚迪唐动力蓄电池结构

（2）安装位置。比亚迪秦动力蓄电池位于行李箱内，如图 5-1-5 所示。比亚迪唐动力蓄电池位于车辆底部，如图 5-1-6 所示。

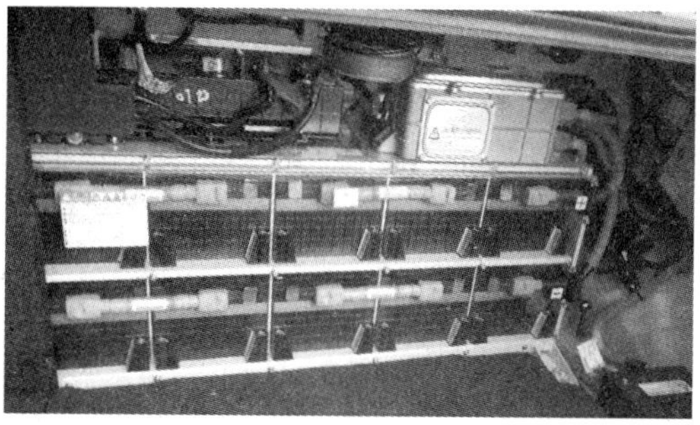

图 5-1-5　比亚迪秦动力蓄电池安装位置

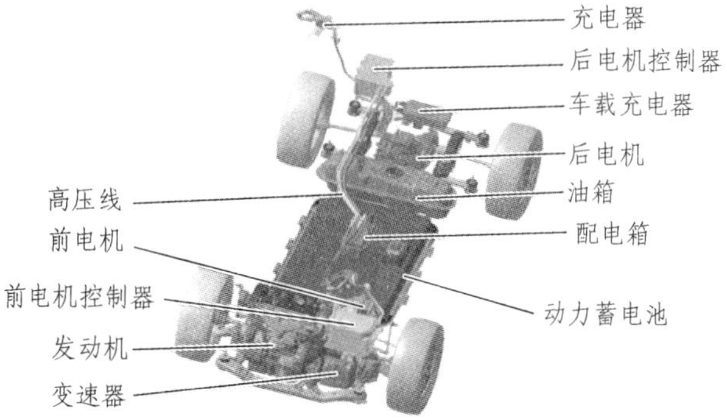

图 5-1-6　比亚迪唐动力蓄电池安装位置

（3）主要参数。比亚迪秦动力蓄电池的主要参数为单体电池 3.3 V，电池包标称电压 501.6 V，标称容量 26 A · h，一次充电 13 kW · h。比亚迪唐的动力蓄电池主要参数为单体电池 3.3 V，电池包标称电压 712.8 V，共 216 节单体，一次充电 18.5 kW · h。

3. 大众帕萨特混合动力车 GTE 动力蓄电池

（1）结构。大众帕萨特 GTE 混合动力车动力蓄电池是由 8 个模组 96 个单体组成的锂电池，其中 1 个模组由 12 个单体组成，动力蓄电池主要组成由 8 个蓄电池模块（模组）、冷却液管路及热交换器、蓄电池调节控制单元 J840、蓄电池模块监控单元 J497、高压蓄电池开关 SX6 等组成，其中蓄电池调节控制单元 J840 是蓄电池模块监控单元 J497 与高压蓄电池开关 SX6 的主控装置，如图 5-1-7 所示。

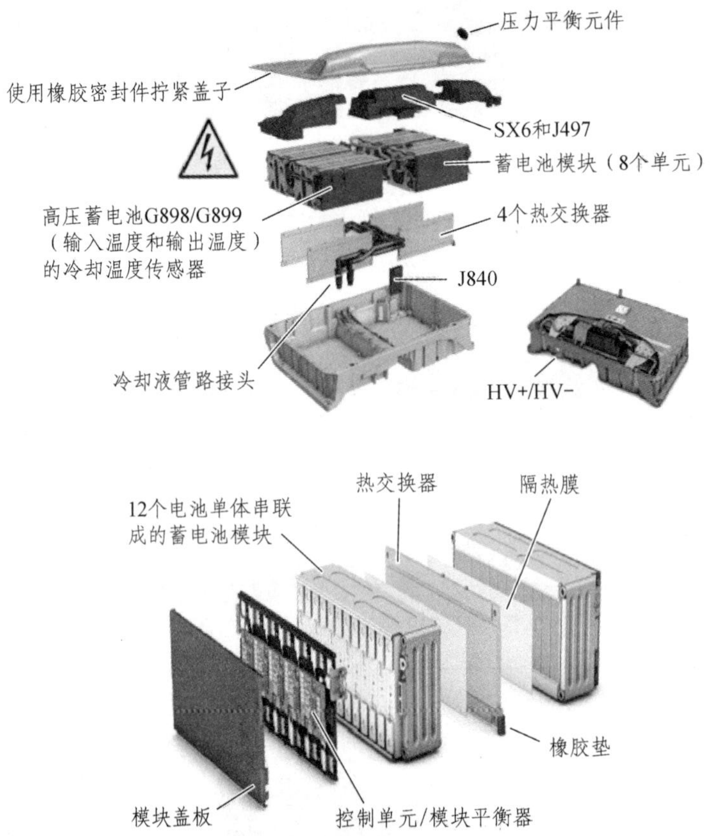

图 5-1-7　大众帕萨特混合动力蓄电池结构

（2）安装位置。如图 5-1-8 所示，帕萨特混合动力车的高压蓄电池安装在车辆下方，后桥的前面。高压蓄电池为三相电流驱动电机 VX54、高压加热装置 Z115 及电动空调压缩机 V470 等高压用电器供电。

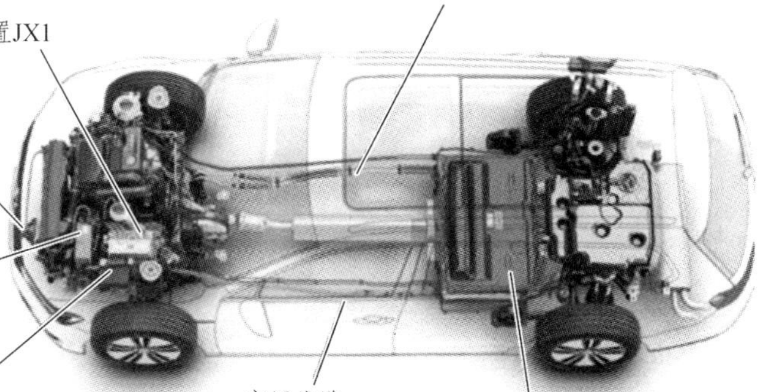

图 5-1-8　帕萨特混合动力车高压蓄电池安装位置

（3）技术参数。帕萨特 GTE 混合动力车动力蓄电池技术参数如表 5-1-2 所示。

表 5-1-2　帕萨特 GTE 混合动力车动力蓄电池技术参数

性能	9.9 kW · h
标称电压	345 V
容量	28 A · h
模组数量	8 个各含有 12 个单体电池的模组
单体电池数量	96
单体电池间的连接	96 个单体电池串联
单体电池数据	方形锂离子电池 3.6 V/28 A · h
电池平衡概念	通过主蓄电池模块内的单体电池放电
数据总线网络	用于控制和平衡的 CAN 主模块
蓄电池冷却	采用 4 个换热器的水冷却
质量	125 kg

（二）纯电动汽车动力蓄电池

1. 大众 e-Golf 电动车动力蓄电池

（1）动力蓄电池结构。如图 5-1-9 所示，大众 e-Golf 纯电动汽车动力蓄电池是方形锂电池组成的三元锂电池，其由高压蓄电池由外壳、控制单元、配电箱和模块组成。其中外壳的上部分由层压薄膜塑料制成。下部分由金属制成，这两个部分通过专用黏合剂黏合在一起，如图 5-1-10 所示。高压蓄电池配备了两个高压接口和一个低压接口。蓄电池模块（模组）由蓄电池单元和主/从模块组成，共有 264 个单体电池组成 27 个蓄电池模块，蓄电池模块可分为 8 个主模块和 19 个从模块。27 个模蓄电池有 10 个模块是各有

6 个单体电池组成，另外 17 个模组各有 12 个单体电池组成。主模块用来调节蓄电池单元平衡。

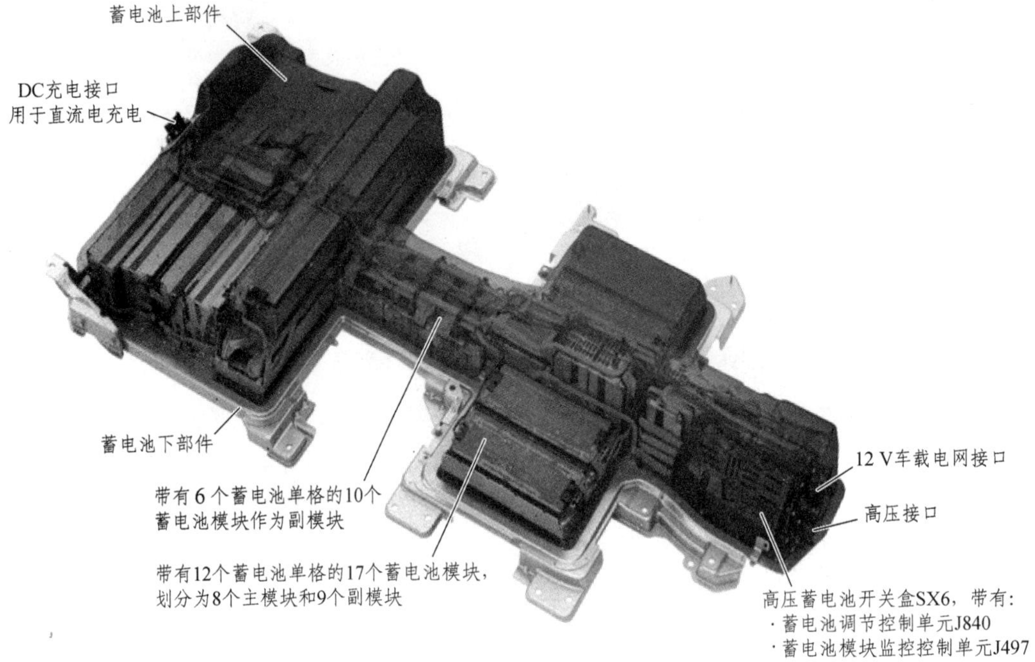

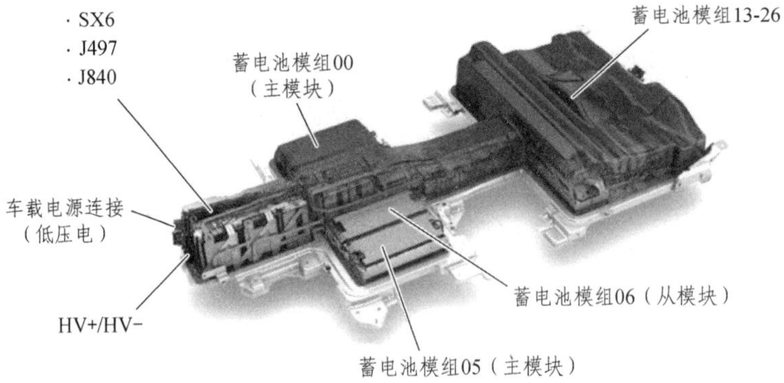

图 5-1-9　大众 e-Golf 纯电动汽车动力蓄电池组成

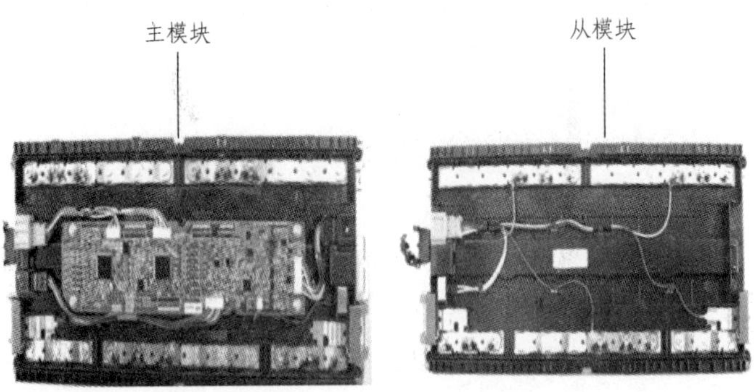

图 5-1-10　大众 e-Golf 纯电动车动力蓄电池主/从模块

另外，如图 5-1-11 所示，高压蓄电池开关单元 SX6 开关包含 HV + 和 HV – 、DC 充电开关、预充电继电器、预充电电阻、电流传感器及主保险丝等组成。

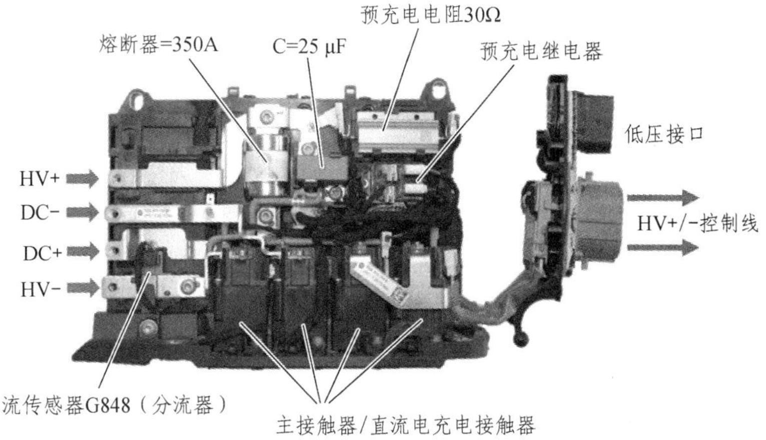

图 5-1-11 高压蓄电池开关的组成

（2）安装位置。大众 e-Golf 电动车动力蓄电池纯安装位置于车辆下方，底盘部位处，如图 5-1-12 所示。

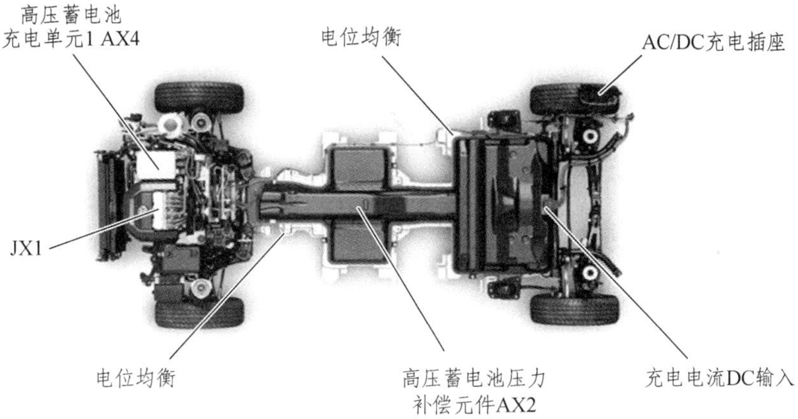

图 5-1-12 大众 e-Golf 纯电动车动力蓄电池安装位置

（3）技术参数。大众 e-Golf 纯电动车动力蓄电池技术参数如表 5-1-3 所示。

表 5-1-3 大众 e-Golf 纯电动车动力蓄电池技术参数

质量	318 kg
总功率	24.2 kW · h（在 88%SOC 时，输出功率为 21.3 kW · h）
标称电压	323 V
容量	75 A · h

单体电池数量	264（10 个模组，各有 6 个单体电池； 17 个模组，各有 12 个单体电池）
单体电池间的连接	88 对电池串联（3 个电池并联形成一个电池对）
单体电池数据	方形锂离子电池 3.7 V/25 A · h
电池平衡概念	通过主蓄电池模块内的单体电池放电
数据总线网络	CAN 主模块，用于控制与平衡

2. 比亚迪纯电动车动力蓄电池

（1）动力蓄电池结构。比亚迪 e5 纯电动车动力蓄电池由动力电池组、动力电池箱体、动力电池辅助装置和高压维修开关构成等组成，如图 5-1-13 所示。其连接方式如图 5-1-14 所示。

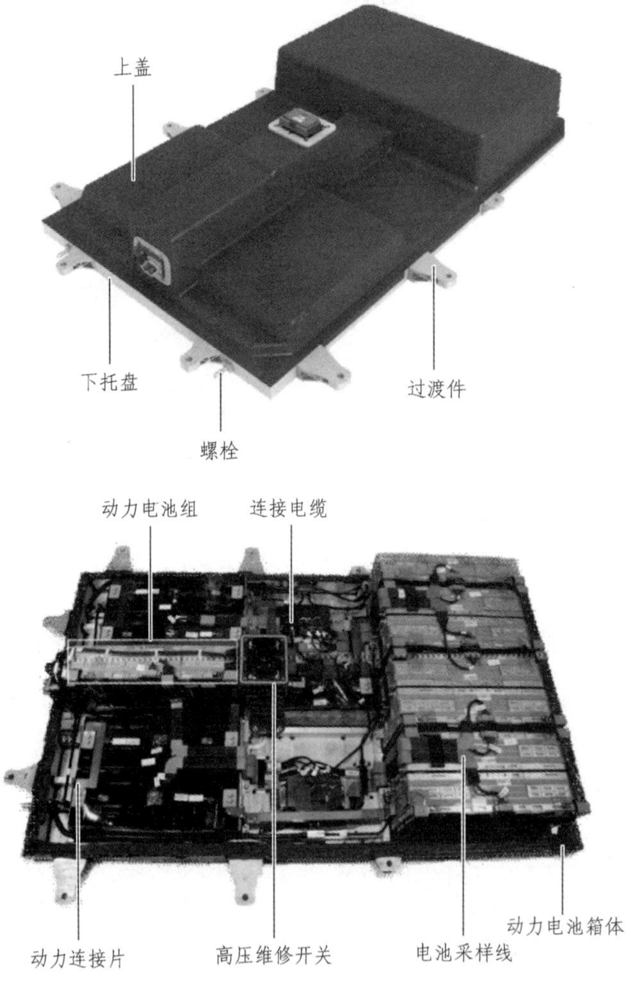

图 5-1-13　2017 款比亚迪 e5 纯电动汽车动力蓄电池组成

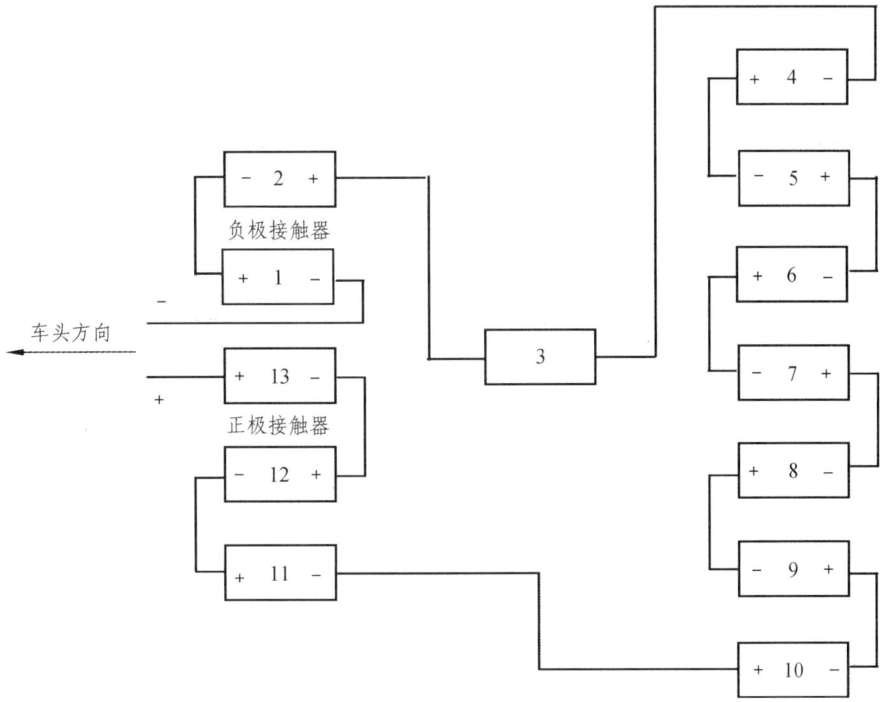

图 5-1-14　比亚迪 e5 纯电动汽车动力蓄电池模组连接方式

比亚迪 e6 动力蓄电池由 11 个动力蓄电池模组、共 96 节电池单元组成，如图 5-1-15 所示。比亚迪 e6 采用了磷酸铁锂类型电池，每个电池单元的单体电压约为 3.3 V，利用 96 节电池单元串联后，可以形成约 316.8 V 的总电压。

在比亚迪 e6 的动力蓄电池组总成中，可以分别对 11 个电池模组进行标记和命名，即从 A1-E 分别标记为 A1、A2、B1、B2、C1、C2、D1、D2、D3、D4 和 E。其中：

A1、A2、E——每个电池模组有 4 个电池单元串联。

B1、B2——每个电池模组有 10 个电池单元串联。

C1、C2——每个电池模组有 8 个电池单元串联。

D1、D2、D3、D4——每个电池模组有 12 个电池单元串联。

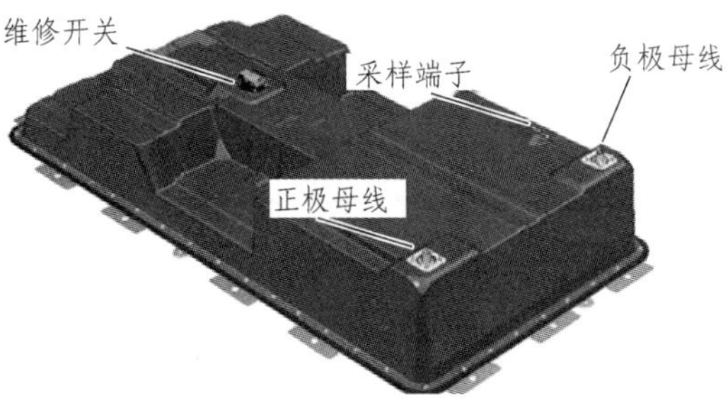

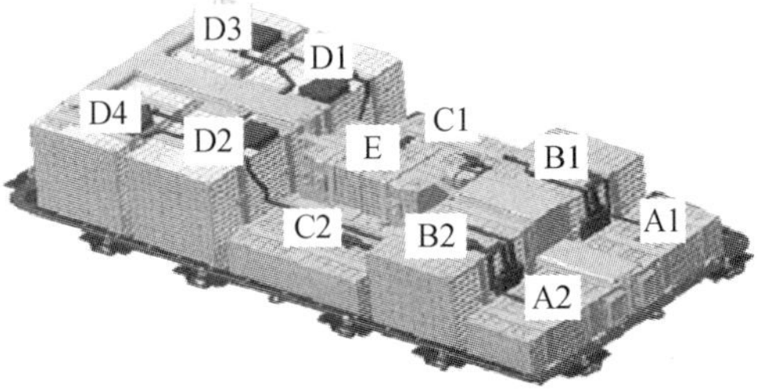

图 5-1-15　比亚迪 e6 动力蓄电池结构

（2）比亚迪动力蓄电池安装位置。比亚迪 e5、e6 动力蓄电池均安装于车辆下部底盘位置处，如图 5-1-16 所示。

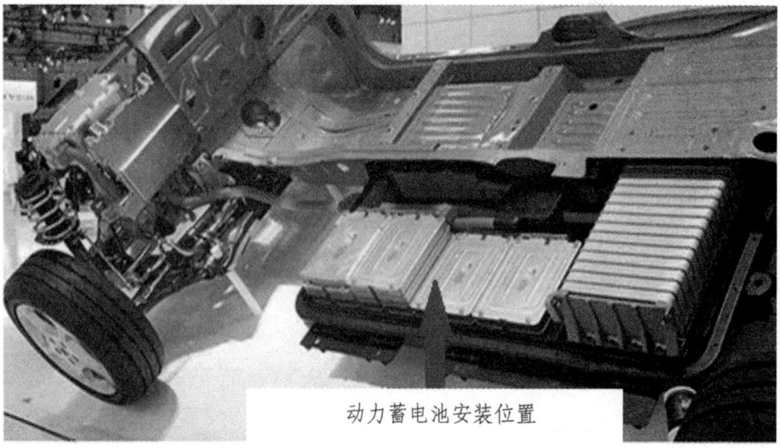

图 5-1-16　比亚迪 e6 动力蓄电池安装位置

（3）比亚迪 e6 力蓄电池技术参数。北汽 E150EV、EV200、北汽绅宝、北汽威旺 EV、比亚迪 e6、C50EB、江淮 Iev4 车型的动力蓄电池的技术参数，如表 5-1-4 所示。

表 5-1-4　几款车型动力蓄电池技术参数对照表

车型	北汽 E150EV	EV200	北汽绅宝	北汽威旺 EV	比亚迪 e6	C50EB	江淮 iEV4
电池材料体系	LFP	三元	三元	三元	LFP	三元	LFP
电芯供应商	ATL	SKI	ATL/SK	光宇	BYD	CATL	国轩
电量（kW/h）	25.6	30.4	44.1/37.5	36	61.4	41.4	19.2
系统能量密度/（W·h/kg）	91.4	107	120	75	81.9	114	91.4
是否有热管理功能	是/PTC	否	否	是/PTC	否	是/加热片	是/风冷
设计寿命	8 年/20 万公里	10 年/20 万公里	10 年/20 万公里	1 200 次循环	8 年/15 万公里	2 000 次循环	—
低温充电能力	低于 −5 °C 无法直接充电	−20 °C 以上直接充电		低于 −10 °C 无法直接充电	低于 −5 °C 无法直接充电	−20 °C～0 °C	—

三、常见车型动力蓄电池的质保期（见表 5-1-5）

表 5-1-5 常见车型动力蓄电池质保期对照表

汽车制造商	车型	整车质保	电池质保
特斯拉	MODELS	4 年或 8 万公里	8 年不限里程
宝马	i3	3 年或 10 万公里	8 年或 10 万公里
比亚迪戴姆勒	腾势	3 年或 8 万公里	6 年或 15 万公里
东风日产	晨风	5 年或 10 万公里	5 年或 10 万公里
北汽集团	EV200	3 年或 6 万公里	6 年或 15 万公里
江淮汽车	iEV5 和 iEV4	—	8 年或 15 万公里

实训项目 5.1　动力蓄电池总成的拆装

一、工作准备

（1）分组，确定小组长，明确组员分工。

（2）防护装备：安全用电装备等。

（3）能连接互联网的计算机或移动终端。

（4）专用工具、设备：万用表、新能源汽车解码器、动力电池拆装平台等。

（5）手工工具：常用工具套装。

（6）辅助材料：动力电池相关技术资料。

二、任实施务

下面以 2019 款比亚迪 e5 为例，说明动力蓄电池总成的拆装步骤及注意事项。

1. 场地布置

作业前现场环境检查，检查绝缘垫，设立隔离柱，布置警戒线，设置警示牌，以警示相关人员，避免无关人员进入发生安全事故。场地布置如图 5-1-17 所示。

图 5-1-17　场地布置

2. 绝缘用品准备

1）个人安全防护用品准备

新能源汽车维修人员必须检查并穿戴必要的安全防护用品，如绝缘手套、绝缘鞋、护目镜、安全帽等，且其耐压等级需符合作业要求，如图 5-1-18 所示。

绝缘手套　绝缘鞋　护目镜　安全帽

图 5-1-18　安全防护用品

2）绝缘工具准备

新能源汽车维修中若涉及高压部件的拆装时需要使用绝缘工具，以确保操作人员人身安全。图 5-1-19 所示为常见绝缘工具套装。

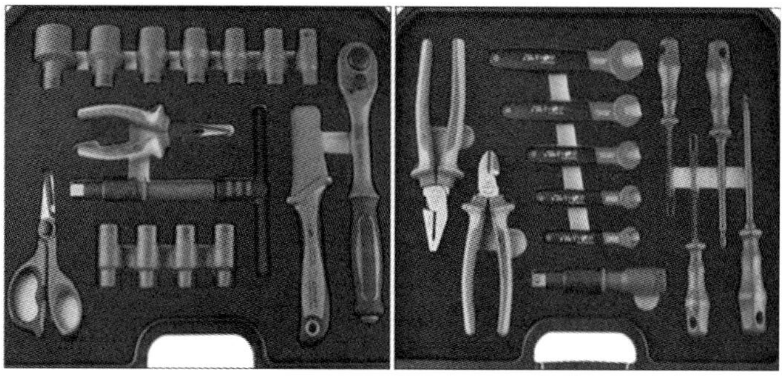

图 5-1-19　绝缘工具

3）绝缘测试仪器准备

新能源汽车进行电气绝缘性能检测时，需要使用专用的绝缘测试仪器测量高压电缆及零部件对车身绝缘电阻是否位于规定值范围内。图 5-1-20 所示为常见绝缘万用表。

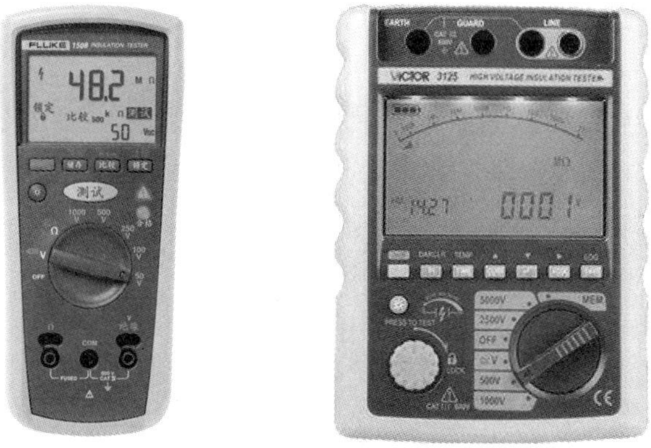

图 5-1-20　绝缘测试仪器

3. 安装车辆防护

（1）安装车内防护三件套，放置车辆挡块，调整举升机顶脚到合适位置；拉起前机舱盖手柄，打开前机舱盖，安装车外防护三件套，如图 5-1-21 所示。

（a）车内三件套

（b）车外三件套

图 5-1-21　防护三件套

（2）穿戴绝缘鞋，检查绝缘手套气密性，佩戴护目镜、安全帽、绝缘手套（见图 5-1-22）；对万用表、绝缘电阻仪进行校零。

图 5-1-22　做好个人安全防护

4. 安全准备工作及注意事项（见表 5-1-6）

表 5-1-6　安全准备操作步骤及注意事项

操作步骤	操作项目	注意事项
步骤一：整理场地	场地准备	1. 高压动力蓄电池单元修理工位必须洁净、干燥、无油脂、无飞溅火花、工位地面应进行绝缘处理； 2. 为了防止人员未经授权进入工位，以及无法确保高电压本质安全或出现不明状态时，应使用隔离带，竖立发光黄色警告提示； 3. 检查灭火器是否处于正常使用条件； 4. 检查工位地面绝缘是否良好
步骤二：场地设备检查	场地设备准备	1. 检查举升器维护保养日期，试运行举升器，检测工作状况； 2. 检查车辆停放位置及举升臂高度； 3. 检查动力蓄电池托举车工作状况是否良好
步骤三：车辆检查	车辆准备	1. 检查车辆外观有无划痕、变形、损伤，并进行记录； 2. 检查车辆挡块是否齐备安装、稳固有效； 3. 检查车辆举升支撑位置是否正确
步骤四：安全防护设备检查	绝缘手套检查	1. 检查绝缘手套标识，确认耐压等级； 2. 检查外观有无明显磨损痕迹； 3. 检查绝缘手套密封性； ① 卷起手套边缘； ② 折叠开口，并封住手套开口； ③ 向手套内吹气，确认有无空气泄漏； ④ 同样的方法检查第二只手套
	安全帽检查	1. 检查安全帽有无破损、裂纹； 2. 根据自身调整安全帽扣带
	护目镜检查	1. 检查护目镜表面有无破损、裂纹、镜面清晰度是否正常； 2. 根据自身调整护目镜扣带尺寸
	绝缘鞋检查	1. 检查绝缘鞋标识，确认耐压等级； 2. 检查绝缘鞋有无破损、老化、裂纹
	绝缘服检查	1. 检查绝缘服标识、确认耐压等级； 2. 检查绝缘服有无破损、油污及各扣合位置正常可用
步骤五：拆装工具检查	工具检查	1. 清点绝缘工具套装内数目及项目使用工具正常可用，绝缘部位无破损、老化、裂纹； 2. 扭力扳手检验合格证处于有效期，工具扭矩调整灵活准确
步骤六：检测设备检查	汽车用数字万用表检查	1. 万用表设备及附件配备齐全； 2. 检查万用表设备合格证书； 3. 校验万用表确认测量有效性
	漏电诊断仪检查	1. 漏电诊断仪设备及附件配备齐全； 2. 检查漏电诊断仪设备合格证书； 3. 校验漏电诊断仪确认测量有效性
	放电工装检查	1. 放电工装设备及附件配备齐全； 2. 检查放电工装设备合格证书

1）低压断电

（1）关闭车辆点火开关，确认点火开关置于 LOCK 位置，将钥匙放到一个安全的区域，通常应该远离被维护的汽车。

注意：

如果使用按钮启动，应把钥匙拿到离车至少 5 m 远的地方，或锁入维修柜，防止汽车意外被启动。

（2）所有充电口应用绝缘胶布封住，防止车辆作业时被误充电，如图 5-1-23 所示。

图 5-1-23　充电口防护

（3）断开低压蓄电池负极，切断低压控制系统，防止在进行高压系统维修时误操作接通导致高压上电，造成危险，如图 5-1-24 所示。对低压蓄电池负极桩绝缘处理，并等待 5 min 以上，如图 5-1-25 所示。

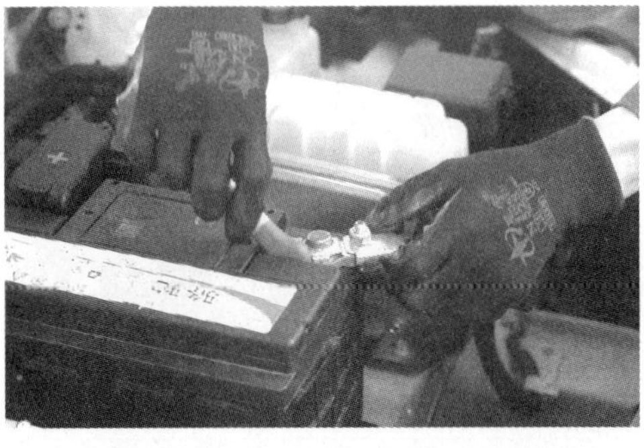

图 5-1-24　断开低压蓄电池负极电缆

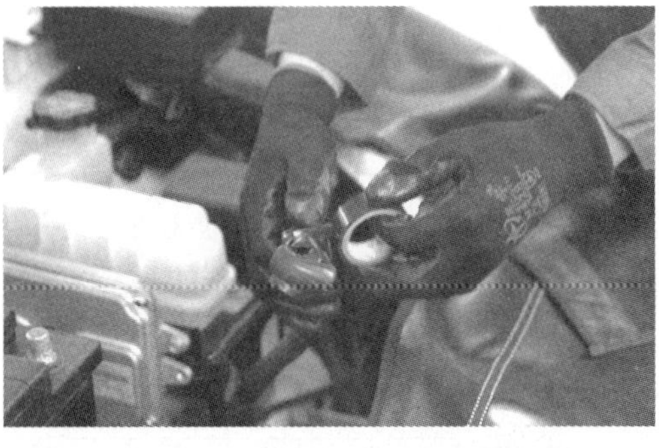

图 5-1-25　低压蓄电池负极桩绝缘处理

注意：

正常情况下，在点火开关关闭后，高压系统可能还存在高压电，这是因为高压部件中高压电容的存在造成的，需要经过一段时间的等待，高压电容中的电才能被完全释放。

2）高压断电

（1）拆卸扶手箱固定螺钉及线束插接器。

比亚迪 e5 的高压维修开关安装在扶手箱内位置，拆除高压维修开关前需要拆除扶手箱固定螺钉、拔下线束插接器，如图 5-1-26（a）、（b）所示。

（a）拆卸扶手箱固定螺钉

（b）拆卸扶手箱线束插接器

图 5-1-26　高压断电

（2）断开高压维修开关。

佩戴绝缘手套，拆卸高压维修开关，高压维修开关位置如图 5-1-27 所示，维修开关拆卸步骤如图 5-1-28 所示。

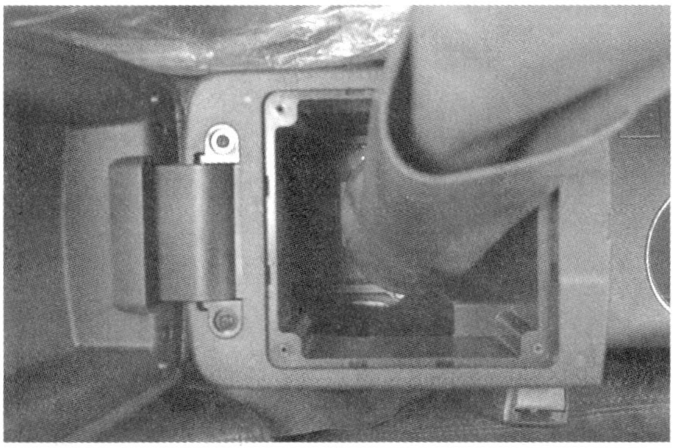

图 5-1-27　高压维修开关位置

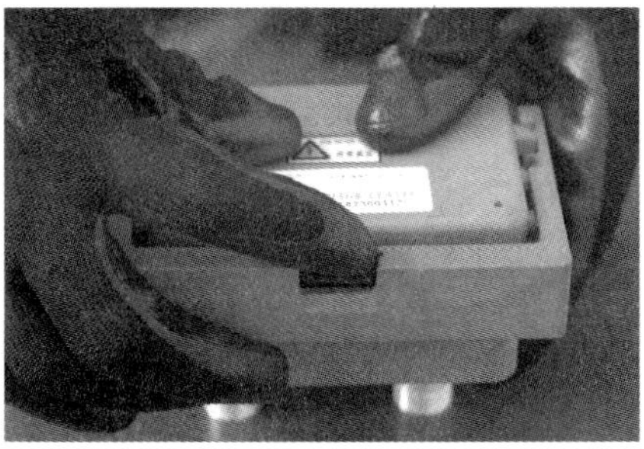

（a）步骤 1

（b）步骤 2

图 5-1-28　高压维修开关拆卸步骤

（3）放置警示牌。

高压维修开关拆除后，需放置警示牌，如图 5-1-29 所示。

图 5-1-29　放置警示牌

（4）安全存放高压维修开关。

将拆下的高压维修开关妥善保存在口袋或工具箱中，以防止其他人将它安装回车辆上去，并将裸露的高压维修开关槽使用绝缘胶布封住。

高压系统断电操作注意事项：

① 高压维修开关是在特殊情况下使用，如车辆维修、漏电报警等情况，在非特殊情况下不允许对高压维修开关进行操作。

② 高压维修开关的操作应由专业人员进行，且操作人员至少应该进行过相关培训。

③ 只有在车辆已被下电，同时高压部件电容已充分放电的情形下才能拆下高压维修开关。

④ 操作时，操作人员必须佩戴必要的安全防护用品如绝缘手套、绝缘胶鞋等，其电压等级必须高于电池组的最高电压。使用前需检查其是否完好无损，确保安全。

⑤ 拔下高压维修开关后，必须妥善保管，直至检修完毕，避免误操作。

3）拆除护板与排放冷却液

（1）举升车辆。

动力蓄电池包含单独的冷却系统，拆卸前需要排空电池包冷却液，所以先拧开 PTC 补偿储液壶盖，按照举升机操作规范，举升车辆至合适高度并锁止举升机，如图 5-1-30、5-1-31 所示。

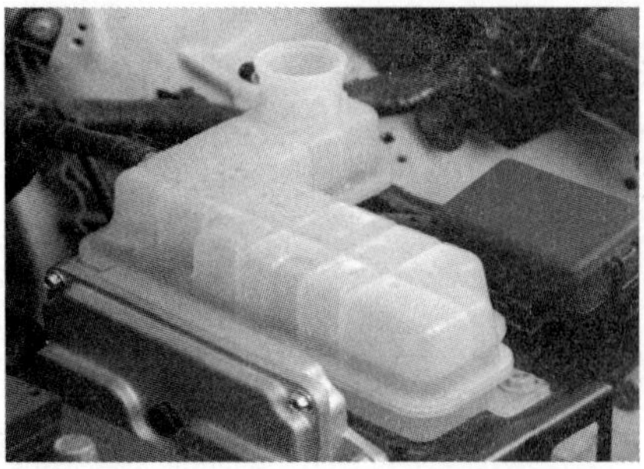

图 5-1-30　拧开 PTC 补偿储液壶盖

图 5-1-31　举升车辆至合适高度

（2）拆卸汽车底盘动力电池护板。

拆卸汽车底盘电池护板，使用绝缘工具套筒配合棘轮扳手进行拆卸，如图 5-1-32、5-1-33 所示。

图 5-1-32　底盘电池护板

图 5-1-33　拆卸电池护板

（3）排放电池包冷却液。

将废液回收器放到合适位置，按压冷却进水管卡箍并后移，拔下冷却进水管排放冷液。以同样方法拆卸动力电池冷却液出水管，之后移出废液回收器，如图 5-1-34、5-1-35 所示。

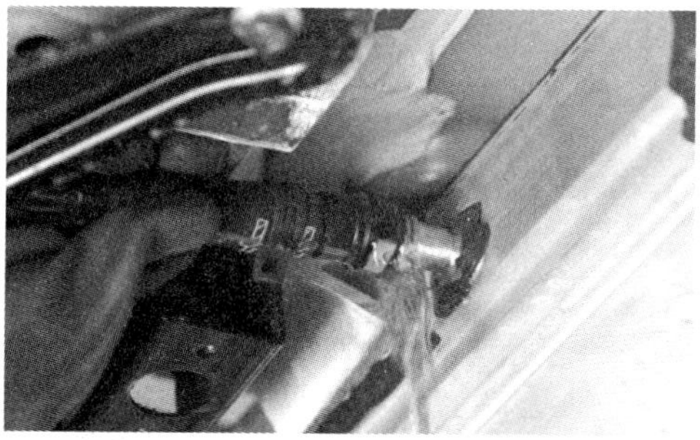
图 5-1-34　拆卸冷却液进水管

图 5-1-35　拆卸冷却液出水管

4）高压断开低压及高压插头并验电

（1）先后拆卸动力蓄电池低压通信插头和高压母线插头，如图 5-1-36、5-1-37 所示。

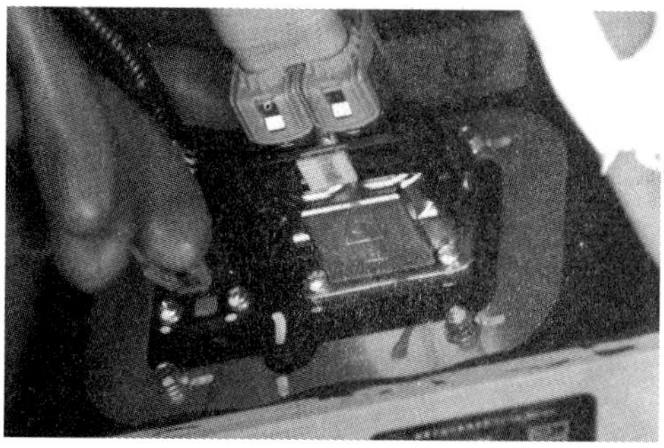
图 5-1-36　拆卸低压通信插头

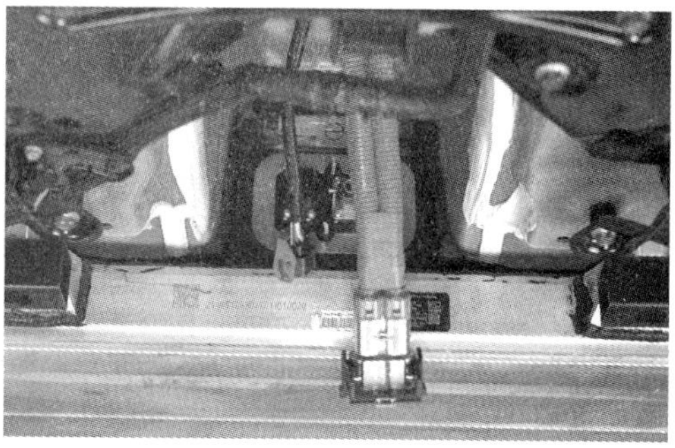
图 5-1-37　拆卸高压母线插头

（2）拆卸动力电池搭铁线束，如图 5-1-38 所示。

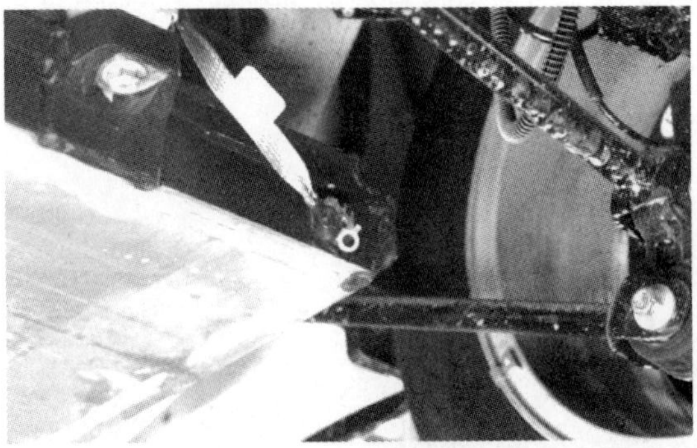

图 5-1-38　拆卸动力电池搭铁线束

（3）高压验电及动力电池绝缘性检测。

使用万用表测量所维修的高压部件连接器各个高压端子在执行高压断电以后是否还存有高压。若电源侧显示电压值较大，则说明动力蓄电池系统存在问题，待故障排查后再进行下一步作业。若负载侧有较小电压值，则利用放电工装进行放电。放电结束后，再次测试其电压值，确保电压值为零。同时需要对高压电池包进行绝缘性检测，防止高压电池包漏电，如图 5-1-39、图 5-1-40 所示。

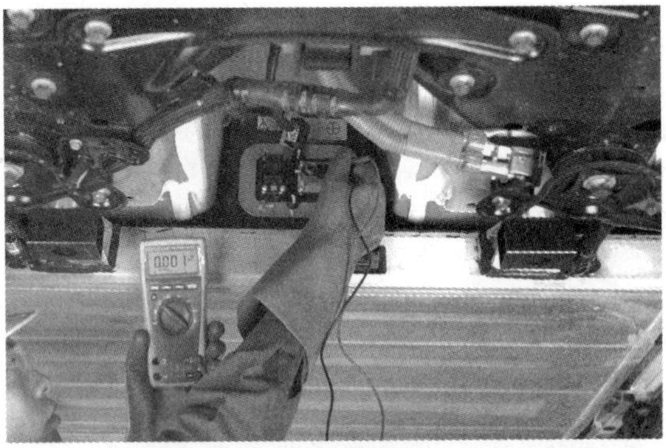

图 5-1-39　用万用表测量电压确认无电

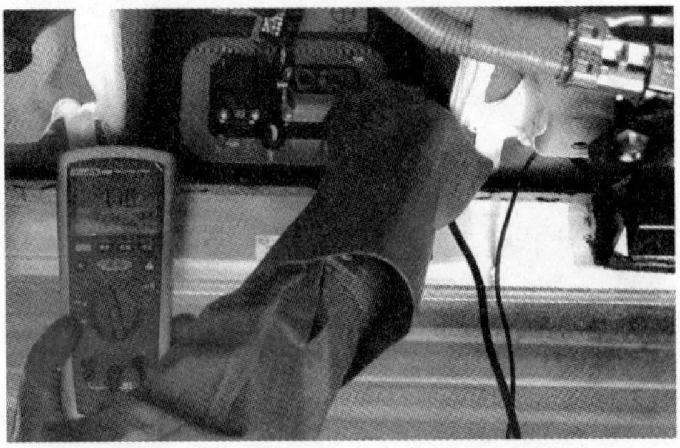

图 5-1-40　用绝缘电阻仪测量绝缘阻值正常

（4）高压验电和绝缘性检测操作注意事项：

① 在检验高电压端子期间，必须佩戴好个人安全防护用品。

② 验电时，必须使用电压等级高于车辆电压等级的验电表。

③ 验电后如果仍有高电压，需再次进行放电，在确保没有高压电的情况下再进行下一步的操作。

④ 绝缘性检测时，必须使用电压等级最高挡为 1 000 V 的绝缘电阻表。

（5）做好动力蓄电池绝缘防护，如图 5-1-41 所示。

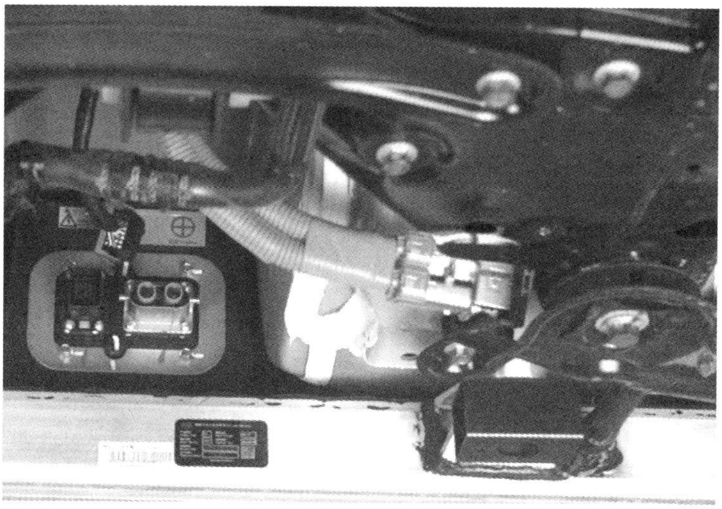

图 5-1-41　动力蓄电池高压插座的绝缘防护

5）动力蓄电池的拆卸

（1）检查动力蓄电池举升车工作情况。将举升车推移到动力蓄电池正下方，调整位置后锁止举升车四轮，连接举升车动力源后缓速举升；调整举升车平台水平，使之托住动力蓄电池底部，如图 5-1-42 所示。

图 5-1-42　动力蓄电池托举车位置

（2）举升动力蓄电池举升车至需求高度，支撑面刚好也与动力蓄电池下面接触，如图 5-1-43 所示。

图 5-1-43　动力蓄电池举升车举到合适位置

（3）使用绝缘工具按照对角线拆卸的原则，先将所有动力电池固定螺栓拧松，然后再逐次拆下动力蓄电池固定螺栓，如图 5-1-44 所示。

图 5-1-44　拆卸动力蓄电池固定螺栓

（4）缓慢移动动力蓄电池举升车，检查动力蓄电池与车辆是否顺利脱离，如图 5-1-45 所示。

（5）缓慢降下动力蓄电池举升车支架，打开举升车车轮锁止开关，将动力蓄电池移出工位。

图 5-1-45　检查动力电池脱离情况

6）动力蓄电池的外观检查（见表 5-1-7）

表 5-1-7　动力蓄电池检查项目及位置

检查项目	检查位置
动力蓄电池箱下盖外观检查	（1）检查动力蓄电池底壳有无损伤变形； （2）检查动力蓄电池底壳有无开胶情况
动力蓄电池箱电器插接件检查	（1）检查动力蓄电池箱电器插接件部位有无变形、损坏、腐蚀老化现象； （2）检查动力蓄电池箱电器插接件有无进水痕迹，有无针脚松动或退针现象
动力蓄电池箱上盖外观检查	（1）检查动力蓄电池底壳有无损伤变形； （2）检查动力蓄电池箱螺栓有无损坏缺失； （3）检查动力蓄电池箱定位锁销有无变形损坏或缺失
动力蓄电池线束插座检查	（1）检查动力蓄电池线束插座有无变形、损坏、腐蚀老化现象； （2）检查动力蓄电池线束插座有无进水痕迹，有无针脚松动或退针现象
动力蓄电池绝缘性检查	检测动力蓄电池线束绝缘电阻： （1）绝缘测试仪选择电压（标准值：1000 V）； （2）与车身接地之间（标准值：≥20 MΩ）

7）动力蓄电池的安装

（1）检查动力蓄电池螺栓、螺栓孔。

检查螺栓、螺栓孔有无异常情况，如图 5-1-46 所示。

图 5-1-46　动力蓄电池安装前检查

（2）举升动力蓄电池。

将动力蓄电池举升车推至车辆正下方，待举升至一定高度后，调整举升平台水平并调整动力蓄电池定位销及螺栓孔位置，将其与车架对齐，如图 5-1-47 所示。将动力蓄电池缓速升高至安装位置，锁紧举升车车轮。

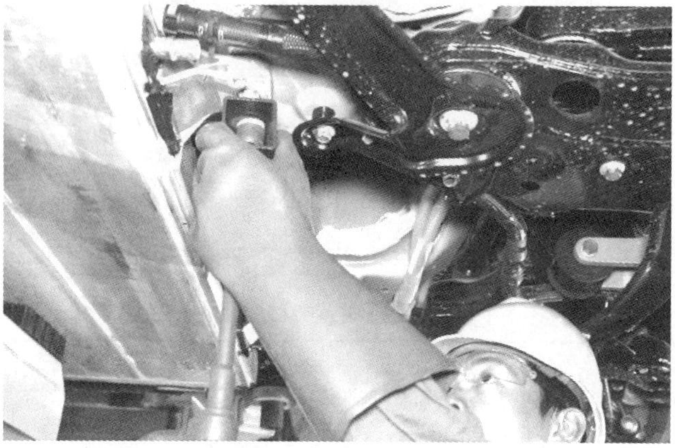

图 5-1-47　对准各螺栓位置

注意：

上升过程中与后悬架或定位销不应产生干涉。

动力蓄电池壳体与车架接触中不应出现过度举升。

（3）预安装动力蓄电池固定螺栓。

用手旋入至少 5 mm（约 2 ~ 3 圈）后使用绝缘专用工具预紧螺栓，禁止紧固过度，如图 5-1-48 所示。

图 5-1-48　固定螺栓预紧

（4）用对角逐次方法紧固动力蓄电池固定螺栓，如图 5-1-49 所示。标准力矩达到（125 ± 5）N · m。

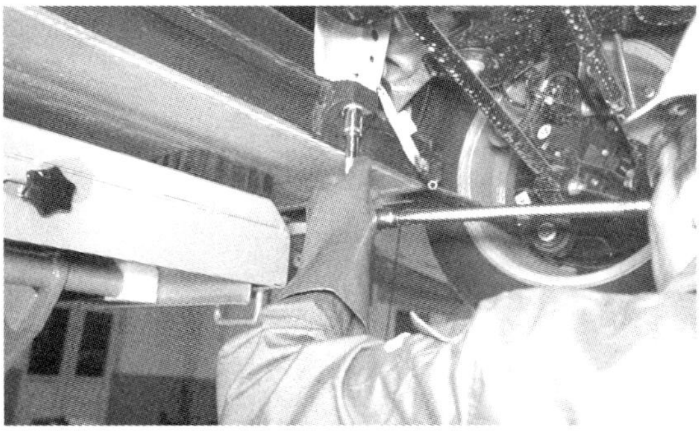

图 5-1-49　固定螺栓紧固

（5）移除动力蓄电池举升车。检查电池安装情况后降下动力蓄电池举升车，然后将举升车移出车辆底部。

（6）安装动力蓄电池高压母线，如图 5-1-50 所示。

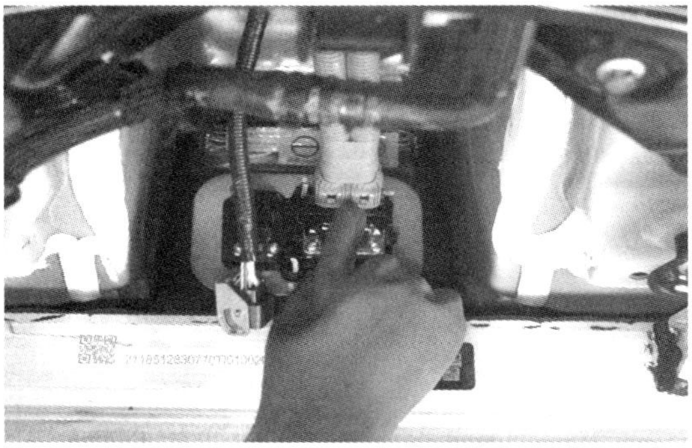

图 5-1-50　高压母线安装

注意：

有效佩戴绝缘手套和护目镜。

锁止卡扣。

（7）安装动力蓄电池低压插接器并锁上卡扣，如图 5-1-51 所示。

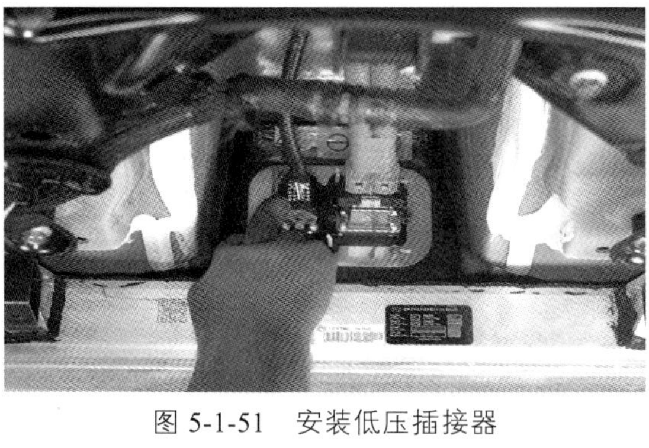

图 5-1-51　安装低压插接器

（8）安装动力电池搭铁线束，清洁动力电池冷却液出水口及水管接口，安装出水管接口，晃动出水管检查其安装是否牢固，以同样方法安装动力电池冷却液进水口。

（9）安装底盘动力电池的护板，按规定扭矩安装并旋紧固定螺栓，如图 5-1-52 所示。

图 5-1-52　动力电池护板安装

（10）降下车辆，安装高压维修开关，连接蓄电池负极，加注 PTC 补偿储液壶冷却液至 MAX 位置，拧紧储液壶盖，如图 5-1-53 所示。

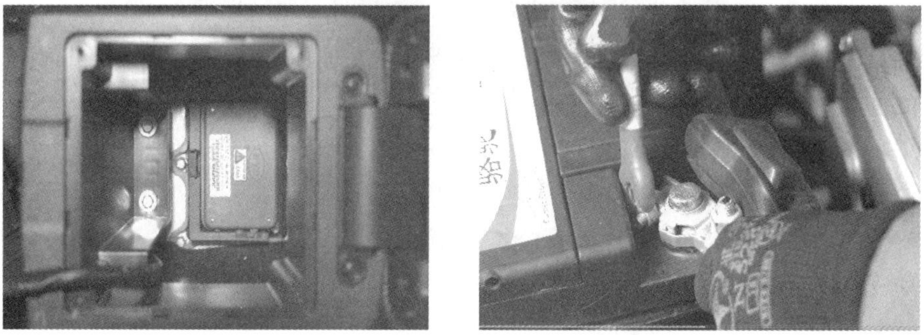

（a）高压维修开关安装　　　　（b）蓄电池负极安装

图 5-1-53　安装高压维修开关、蓄电池负极

（11）拆除车内三件套、车外三件套、车辆挡块，启动车辆，检查车辆状态是否正常，如图 5-1-54 所示。

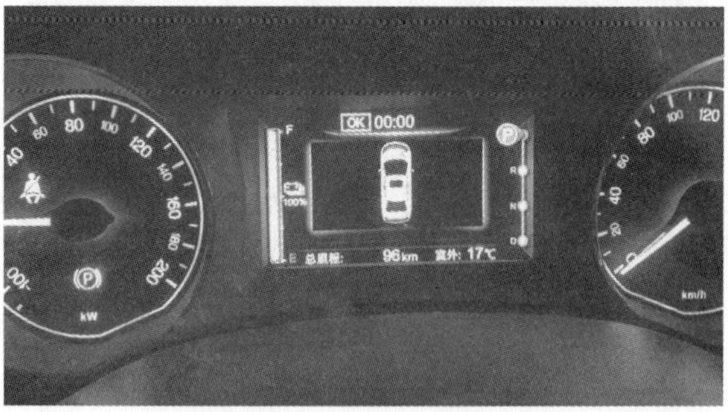

图 5-1-54　仪表显示正常

（12）整理工位，依据 6S 规范整理场地。

8）知识拓展

（1）电池箱体的防护等级：

电池箱体的作用为承载并保护动力蓄电池组及其内部的电气元件。因此，电池箱体具有较高的强度和刚度并且防尘防水。电池箱体的防护等级为 IP67。

（2）IP67 防护等级定义：

① 第一特性（防尘等级）。

防护等级（代码中的第一个数字）简要描述定义：

0——无防护

1——防直径为 50 mm 甚至更大的固体颗粒物物体尖端，或 50 mm 直径的固体颗粒物不能完全穿透。

2——防直径为 12.5 mm 甚至更大的固体颗粒物物体尖端，或 12.5 mm 直径的固体颗粒物不能完全穿透。

3——防直径为 2.5 mm 甚至更大的固体颗粒物物体尖端，或 2.5 mm 直径的固体颗粒物完全不能穿透。

4——防直径为 1 mm 甚至更大的固体颗粒物物体尖端，或 1 mm 直径的固体颗粒物完全不能穿透。

5——灰尘防护：并不能完全防止尘埃进入，但不会达到妨碍仪器正常运转及降低安全性的程度。

6——灰尘禁锢：尘埃无法进入物体整个直径不能超过外壳的空隙。

② 第二特性（防水等级）。

防护等级（代码中的第二个数字）简要描述定义：

0——无防护。

1——防垂直下坠的水滴：垂直下坠的水滴不会造成有害影响。

2——当外壳翘起可达 15°时防垂直下坠的水滴；当外壳在垂直任何一侧以任何角度翘起不超过 15°时，垂直下坠的水滴不会造成有害影响。

3——防水雾：在任何一垂直侧以任何不超过 60°的角度喷雾不会造成有害影响。

4——防泼水：对着外壳从任何方向泼水都不会造成有害影响。

5——防喷水：对着外壳从任何方向喷水都不会造成有害影响。

6——防强力喷水：对着外壳从任何方向强力喷水都不会造成有害影响。

7——防短时浸泡：常温常压下，当外壳暂时浸泡在 1 m 深的水里将不会造成有害影响。

8——防持续浸泡：在厂家和用户都同意，但是条件比 7 严酷的条件下，持续浸泡在水里将不会造成有害影响。

三、评价与反馈

考核项目	评分标准	分数	学生自评	小组互评	教师评价	小计
团队合作	是否和谐	5				
活动参与	是否积极主动	5				
安全操作	有无安全隐患	10				
现场 6S	是否做到	10				
任务方案	是否正确合理	15				
操作过程	按操作步骤完成并完成相关内容填写	30				
课题完成情况	是否圆满完成	5				
工具和设备使用	是否规范标准	10				
劳动纪律	是否严格遵守	5				
工单填写	是否完整规范	5				
总分		100				
教师签名				得分		

任务练习

1. 简述一般常见纯电动车动力蓄电池的安装位置及安装的原因。
2. 动力蓄电池结构由哪几部分构成?
3. 什么是新能源作业“十不准”?

学习任务 5.2　动力电池组单体电池更换

概　述

一辆比亚迪 e5 纯电动汽车因动力蓄电池故障而无法运行，被拖车运至店内，经过维修技师检查后，确认动力蓄电池模组需要进行更换。如何实施动力蓄电池模组的更换任务呢？

动力蓄电池模组（单体）是动力蓄电池的重要组成部分，当动力蓄电池模组出现故障或模组间电压不一致时便会出现动力蓄电池无法正常工作的情况，造成动力蓄电池故障。因此，需要对动力蓄电池模组进行检测并更换，待更换后进行电压均衡及检测，方可装复车辆。

学习目标

1. 能够准确描述动力蓄电池模组故障的现象。
2. 能够按操作规范独立完成动力蓄电池模组的检测。
3. 能够以协作方式完成动力蓄电池模组的更换。

一、动力蓄电池的组成部件及功能

（一）动力蓄电池系统的组成

动力蓄电池系统主要由动力蓄电池模组、电池管理系统、动力蓄电池箱及辅助元器件等四部分组成，其整体展示如图 5-2-1 所示。

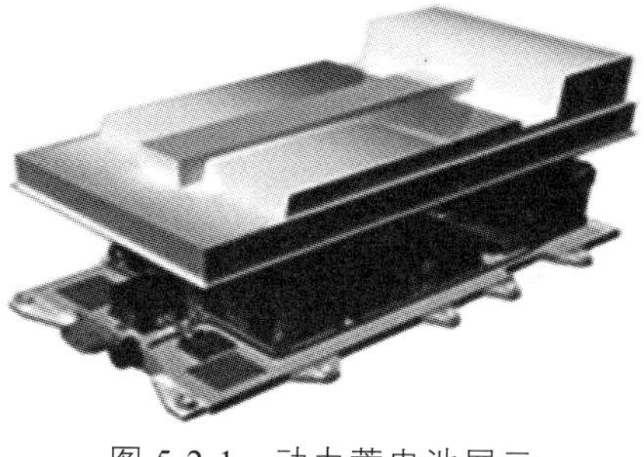

图 5-2-1　动力蓄电池展示

图 5-2-2 为大众 e-up 动力蓄电池电池组的主要组成部件。

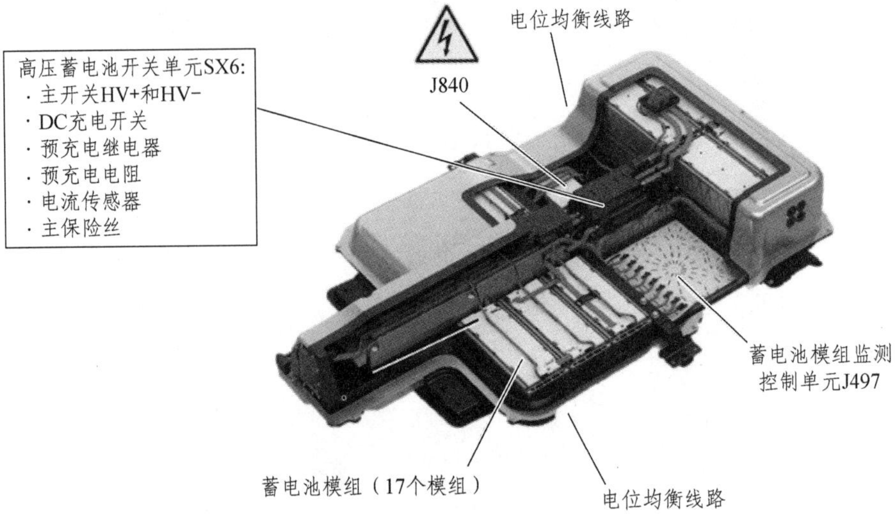

图 5-2-2 大众 e-up 动力蓄电池组主要组成部件

动力蓄电池的结构展示如图 5-2-3 所示。

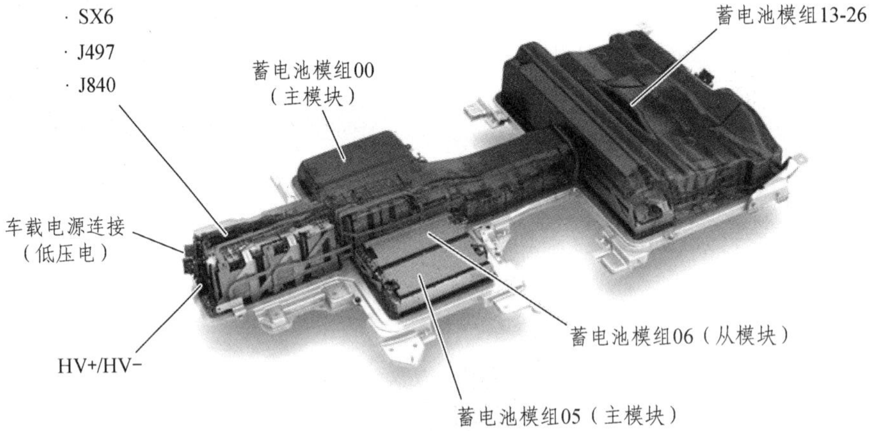

图 5-2-3 动力蓄电池的结构展示

1. 动力蓄电池模组

锂电池模组是由几颗到数百颗单体电池即电芯经并联和串联组成的多个模组，除了机构设计部分，再加上电池管理系统和热管理系统以组成一个较完整的锂电池包系统。一般而言，不论是软包、方形、圆柱还是 18650 型电池，模组的自动化组装工艺流程都是从电芯上料开始的。来料可以是原供应商提供的包装，也可以是厂家经过检测后统一整理好的专用托盘。上料过程可以是人工操作，也可以通过传送带自动上料，然后通过机器人经由抓手抓取。上料的同时还会进行电芯的读码（采集单个电芯的身份数据信息）、电芯极性检测（有无放反方向）、电芯分选及配组，并将不良品剔除。来料通过初检和分选之后，根据模组和工艺要求的不同分别进行诸如激光清洁→涂胶→电芯堆叠→电池盒组装→极耳裁切整形→模组壳激光焊接→模组激光打码→打螺钉→模组检测→连接片激光焊接→BMS 系统连接→模组终检测→模组下料等工序。

1）动力蓄电池模组的组成

动力蓄电池模组是由多个电池模块或单体电芯串联组成的一个组合体，如图 5-2-4 所示。

（1）电池单体：构成动力蓄电池模块的最小单元，一般由正极、负极、电解质及外壳等构成，可实现电能与化学能之间的直接转换。

（2）电池模块：一组并联的电池单体的组合，该组合额定电压与电池单体的额定电压相等，是电池单体在物理结构和电路上连接起来的最小分组，可作为一个单元替换。

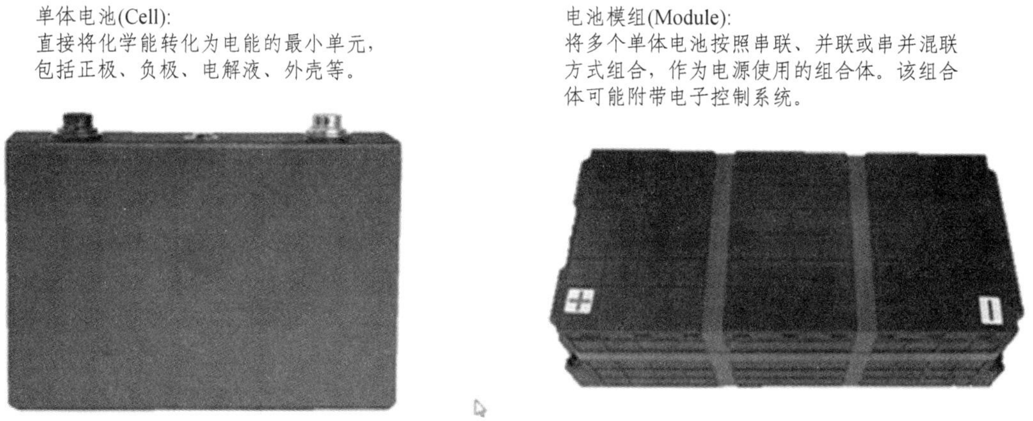

图 5-2-4　单体电池及电池模组

2）动力蓄电池模组连接方式

电池组的连接方式有很多种，但基本上是由单纯串联、单纯并联和串并混联的组合形成。各种连接方式对电池组的使用安全性、可靠性、不一致性、寿命等有不同的影响，对电池管理系统的功能也有不同的影响。

（1）串联电池组。

由于单体电池的额定电压一般都偏低，往往不能满足负载额定电压的要求，这时就需要将多个单体电池串联起来使用，称为串联电池组。串联电池组适用于输出电流不太大，而输出电压要求较高的场合。串联电池组中由于单体电池电压不一致，电压差的累积有逐步增加和相互抵消的情况。

（2）并联电池组。

由于单体电池的输出电流是一定的，往往不能满足实际应用中负载额定电流的要求，这时就需要将多个单体电池并联起来使用，称为并联电池组。可见，并联电池组适用于每个电池的电动势能够满足负载所需的电压，而单个电池的输出电流小于负载所需电流的情况。

并联电池组中电池间互充电是指当并联电池组中一节电池电压低时，其他电池将给此电池充电。这种连接方式下，低压电池容量小幅度提高的同时，高压电池容量会急剧下降，能量将损耗在互充电过程中而达不到预期的对外输出。

（3）串并混联电池组。

当需要电源的电压较高且电流较大时，就会用到混联电池组。混联电池组的连接方式有两种：一种是先并联后串联；另一种是先串联后并联。连接方式不同，系统的可靠性也不同。先并联后串联系统的连接可靠性远大于先串联后并联的情况。对于先并联后串联，系统可靠性高于单体可靠性，而先串联后并联系统可靠性低于单体可靠性。因此，无论何种类型的电池，综合考虑连接可靠性和连接方式对电池性能的影响，应采用先并联后串联的方式。

2. 电池管理系统（BMS）

1）BMS 的作用

BMS 是电池保护和管理的核心部件，在动力蓄电池系统中，它的作用就相当于人的大脑。它不仅要保证电池安全可靠地使用，而且要充分发挥电池的能力和延长使用寿命。作为电池和整车控制器以及驾驶者沟通的桥梁，通过控制接触器控制动力蓄电池组的充放电，并向整车控制器（VCU）上报动力蓄电池系统的基本参数及故障信息。

2）BMS 具备的功能

BMS 通过电压、电流及温度检测等功能实现对动力蓄电池系统的过电压、欠电压、过电流、过高温和过低温保护，继电器控制、SOC 估算、充放电管理、均衡控制、故障报警及处理、与其他控制器通信功能等功能。此外，BMS 还具有高压回路绝缘检测功能，以及为动力蓄电池系统加热的功能。

3. 动力蓄电池箱

1）动力蓄电池箱

动力蓄电池箱是支撑、固定、包围电池系统的组件，主要包括上盖和下托盘，以及辅助元器件，如过渡件、护板、螺栓等。动力蓄电池箱有承载及保护动力蓄电池组及电气元件的作用。

2）技术要求

电池箱体通过螺栓接在车身底板下方，其防护等级为 IP67，螺栓拧紧力矩为 95 ~ 105 N · m（北汽新能源 E150EV）。整车维护时需观察电池箱体螺栓是否有松动，电池箱体是否有破损严重变形，密封法兰是否完整，确保动力蓄电池可以正常工作。

3）外观要求

电池箱体外表面颜色要求为银灰或黑色，亚光；电池箱体表面不得有划痕、尖角、毛刺、焊缝及残余油迹等外观缺陷，焊接处必须打磨圆滑。

4. 辅助元器件

辅助元器件主要包括动力蓄电池系统内部的电子电器元件，如熔断器、继电器、接触器、分流器、接插件、高压维修开关、烟雾传感器等，高压维修开关以及电子电器元件以外的辅助元器件，如密封条、绝缘材料等。

接触器位于线束和继电器模块内，用于控制高电压的通断。当接触器闭合时，高电压自电池组输出到车辆动力系统，接触器断开后，高电压保存在电池组内。

（二）比亚迪 e6 动力蓄电池的参数与结构组成

比亚迪 e6 动力蓄电池系统由 11 个动力蓄电池模组，共 96 节电池单元组成。如图 5-2-5 所示，比亚迪 e6 采用了磷酸铁锂类型电池，每个电池单元的单体电压约为 3.3 V，利用 96 节电池单元串联后，可以形成约 316.8 V 的总电压。

注意：

LiFePO4（磷酸铁锂）电池的标称电压是 3.3 V、终止充电电压是 3.6 V、终止放电压是 2.0 V。

在 e6 的动力蓄电池组总成中，可以分别对 11 个电池模组进行标记和命名，即从 A1 ~ E 分别标记为 A1、A2、B1、B2、C1、C2、D1、D2、D3、D4 和 E，其中：

A1、A2、E——每个电池模组有 4 个电池单元串联。

B1、B2——每个电池模组有 10 个电池单元串联。

C1、C2——每个电池模组有 8 个电池单元串联。

D1、D2、D3、D4——每个电池模组有 12 个电池单元串联。

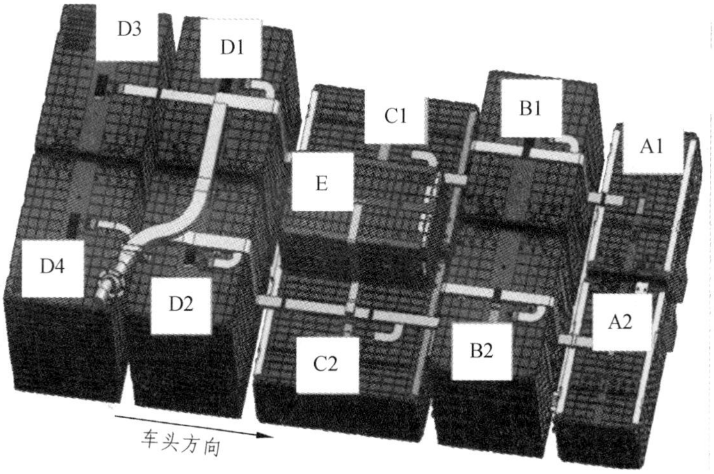

图 5-2-5　比亚迪 e6 动力蓄电池组总成及电池模组位置

三、动力电池系统失效模式

动力蓄电池系统失效模式可以分为三种层级，即电芯失效模式、电池管理系统失效模式、PACK系统集成失效模式。下面主要介绍电芯失效模式。

电芯的失效模式分为安全性失效模式和非安全性失效模式。

（一）电芯安全性失效

1. 电芯内部正负极短路

电池内短路是由电芯内部引起的。引起电池内短路的原因有很多，可能是由于电芯生产过程中的缺陷导致或是因为长期外力振动导致电芯变形所致。一旦发生严重内短路则无法阻止控制，外部保险不起作用，必定会发生冒烟或燃烧。

如果遭遇到这种情况，我们能做的就是第一时间通知车上人员逃生。对于电池内部短路问题，目前为止电池厂家还没有办法在出厂时100%将有可能发生内短路的电芯筛选出来，只能在后期充分做好检测将发生内短路的概率降低。

2. 电池漏液

电池漏液是一种非常危险但又常见的失效模式。电动汽车着火的事故多数都是因为电池漏液造成的。电池漏液的原因有：外力损伤，如碰撞或安装不规范造成密封结构被破坏；制造原因，如焊接缺陷或封合胶量不足造成密封性能不好等。

电池漏液后，整个电池包的绝缘失效，单点绝缘失效问题不大，但如果有两点或两点以上绝缘失效就会发生外短路。从实际应用情况来看，软包和塑壳电芯相比金属壳单体更容易发生漏液情况导致绝缘失效。

3. 电池负极析锂

电池使用不当，如过充电、低温充电、大电流充电都会导致电池负极析锂。国内大部分厂家生产的磷酸铁锂或三元锂电池在0℃以下充电都会发生析锂，0℃以上根据电芯特性只能小电流充电。发生负极析锂后，锂金属不可还原，导致电池容量发生不可逆地衰减。析锂达到一定严重程度，会形成锂枝晶，刺穿隔膜发生内短路。所以动力蓄电池在使用时应该严禁低温下进行充电。

4. 电芯胀气鼓胀

产生胀气的原因很多，主要是因为电池内部发生副反应产生气体，最为典型的是与水发生了副反应。胀气问题可以通过在电芯生产过程严格控制水分来避免。一旦发生电池胀气就会发生漏液等情况。

（二）电芯的非安全性失效

1. 容量一致性差

导致电池容量不一致性的原因有很多，目前解决电池不一致性的方法主要是提高电池的生产制造工艺控制水平，从生产环节尽可能保证电池的一致性，使用同一批次电池进行配组。这种方法有一定效果，但无法根治，电池组使用一段时间后一致性差的问题还会出现。电池组发生不一致性问题后，如果不能及时处理，问题会愈加严重，甚至会发生危险。

2. 自放电过大

电池制造时的杂质造成的微短路所引起的不可逆反应是造成个别电池自放电偏大的最主要原因。由于电池在长时间的充放电及搁置过程中，随环境条件发生化学反应，引起电池自放电现象，使电池电量降低，性能低下，不能满足使用需求。

3. 低温放电容量减少

随着温度的降低，电解液低温性能不好，参与反应不够，电解液电导率降低而导致电池电阻增大，电压平台降低，容量也降低。目前各厂家电池 -20℃下的放电容量基本在额定容量的 70%~75%。低温下电池放电容量减少，且放电性能差，影响电动汽车的使用性能和续航里程。

4. 电池容量衰减

电池容量衰减主要来自于活性锂离子的损失以及电极活性材料的损失。正极活性材料层状结构规整度下降，负极活性材料上沉积钝化膜，石墨化程度降低，隔膜孔隙率下降，导致电池电荷传递阻抗增大。脱嵌锂能力下降，从而导致容量的损失。

电池容量衰减是电池不可避免的问题。但是目前电池厂家应该首先解决安全性失效问题和电池一致性问题，在这个基础上再考虑延长电池的循环寿命。

四、动力蓄电池的存放

对高压动力蓄电池部件进行维修时，必须采取特别的防护措施，同时遵守与工作环境相关的所有高压安全防护措施，还需要佩戴个人防护用品。

只允许将动力蓄电池及其组件（如电池模块）存放在带有自动灭火装置的空间内。此外，必须装有火灾探测器，从而确保即使不在工作时间内也能识别出失火情况。原则上不允许将动力蓄电池放在地面上，只能放在架子上或绝缘垫上，如图 5-2-6 所示。必须将各电池模块存放在可上锁的安全柜内。当动力蓄电池单元故障但未损坏时，可像启动蓄电池一样将其放在运输容器内。

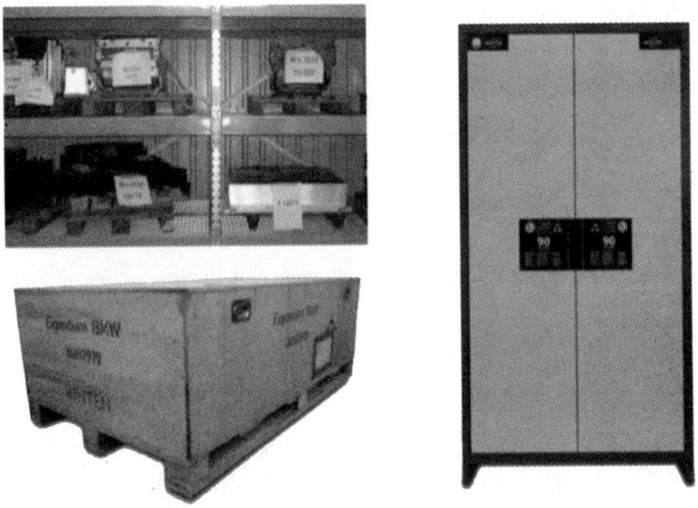

图 5-2-6　存放完好无损的高电压动力蓄电池和电池模块

出现以下情况时视为动力蓄电池损坏：

（1）动力蓄电池单元带有可见烧焦痕迹。

（2）动力蓄电池单元具体部位可见高温形成迹象。

（3）动力蓄电池单元冒烟。

（4）动力蓄电池单元外部面板变形或破裂。必须将损坏的高电压动力蓄电池临时存放在户外带有特殊标记的容器内至少 48 h，之后才允许进行最终废弃处理，如图 5-2-7 所示。

图 5-2-7　动力蓄电池存放方式

动力蓄电池的存放位置必须与建筑物、车辆或其他易燃材料（例如垃圾）容器至少距离 5 m。必须将外部损坏的高电压蓄电池放在耐酸且防漏的凹槽内，以免溢出的电解液流入土壤。由于存在危险和污染环境，动力蓄电池应由厂家或专门的机构回收处理。

实训项目 5.2　动力蓄电池模组（单体）的拆装

一、工作准备

（1）分组，确定小组长，明确组员分工。

（2）防护装备：安全用电装备等。

（3）能连接互联网的计算机或移动终端。

（4）专用工具、设备：万用表、新能源汽车解码器、动力电池拆装平台等。

（5）手工工具：常用工具套装。

（6）辅助材料：动力电池相关技术资料。

二、任实施务

1. 拆装准备工作及安全注意事项

拆装前的各项准备工作及具体操作步骤及要求请参照“实训项目 5.1：动力电池总成的拆装”中的相关标准执行。

2. 动力蓄电池模组的拆卸与安装

1）动力蓄电池包开箱流程与规范

注意：

拆卸过程中注意扭力大小，防止螺栓扭断与螺纹滑丝。

（1）选择与螺栓所匹配的相关工具。

注意：

螺栓为内六角螺栓，需使用专用内六角旋扭工具进行拆卸操作。

（2）使用专用工具对准螺栓旋口均匀用力旋扭直至螺栓脱离箱体，如图 5-2-8 所示。拆卸动力电池上部罩盖及隔热棉，如图 5-2-9 所示。

（3）两人一前一后配合，保持力道与速度同步均匀抬下电池盖板。电池内部如图 5-2-10 所示。

图 5-2-8　动力蓄电池包

图 5-2-9　拆卸电池上部罩盖

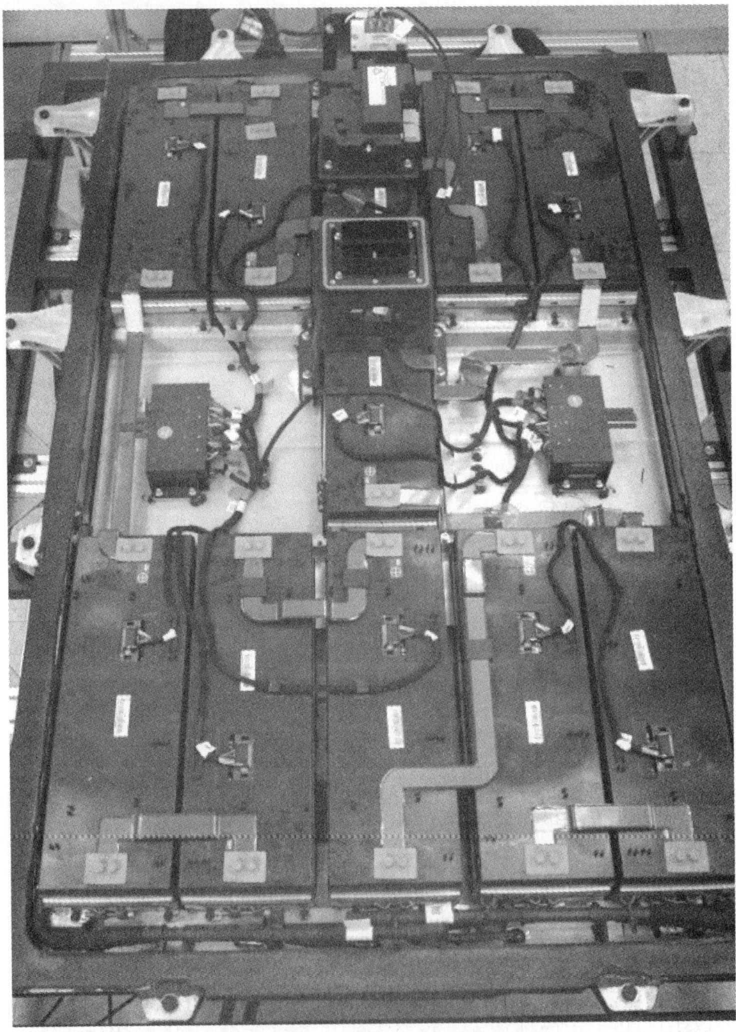

图 5-2-10　比亚迪 e5 动力电池包

2）动力电池模组的检修

（1）穿戴好防护设备后，取下动力电池模块正、负极绝缘罩盖，如图 5-2-11 所示。

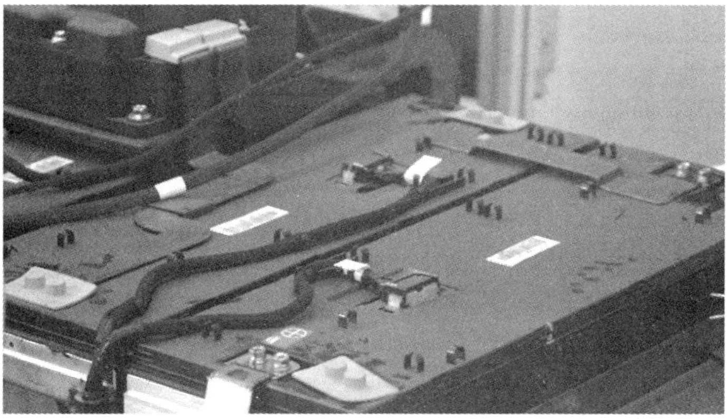

图 5-2-11　取下正、负极绝缘罩盖

（2）选用万用表并调整至电压测试挡，分别使用红、黑表笔连接电池模块正、负极端口，检测每个电池模组的电压值。标准电压值为普通电池模块 38 V 左右，如图 5-2-12 所示；中间一块小型电池模块为 31 V 左右，如图 5-2-13 所示。

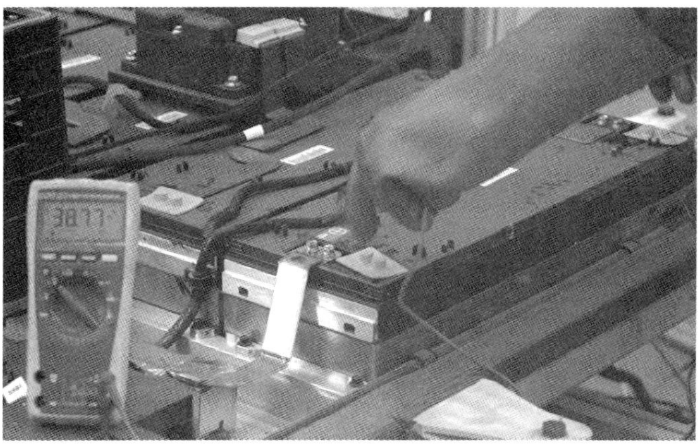

图 5-2-12　标准电池模块

图 5-2-13　中间电池模块电压测量

（3）使用万用表分别检测 11 个电池模组电压值，记录测量数值并对比读数，若出现某节动力电池电压值偏差较大的情况，则说明该节电池存在性能下降故障。

（4）断开高压互锁插件线束，如图 5-2-14 所示。断开高压配电盒低压线束，如图 5-2-15 所示。

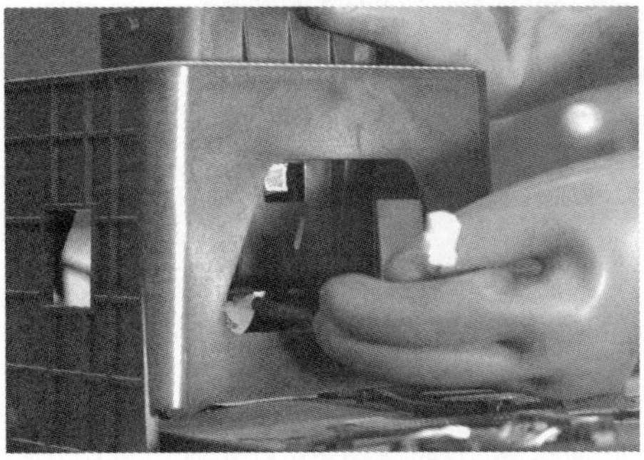

（a）维修开关底座互锁线束

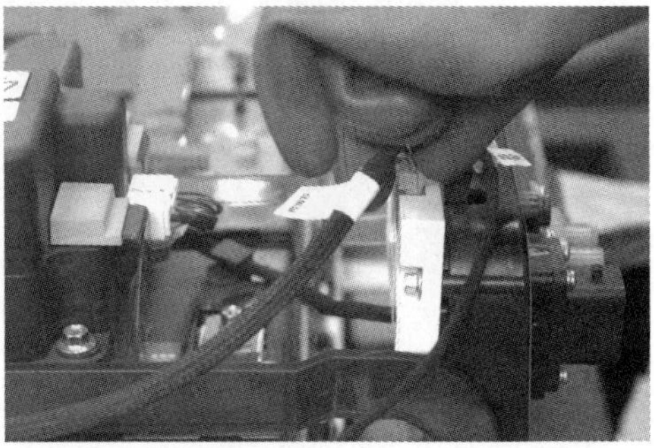

（b）通信转接器互锁线束

图 5-2-14 断开高压互锁插件线束

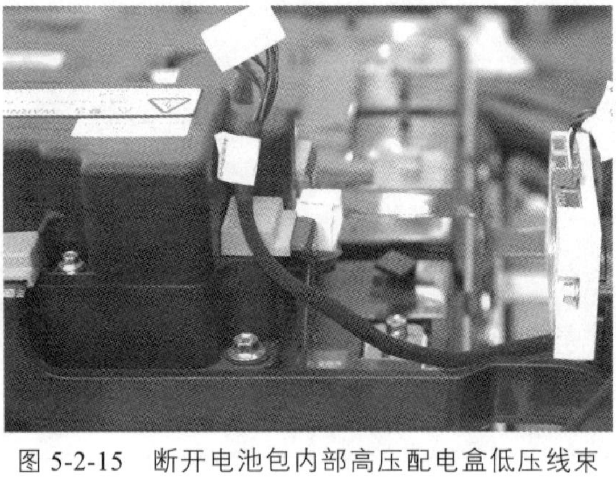

图 5-2-15 断开电池包内部高压配电盒低压线束

（5）使用高压绝缘套筒、绝缘棘轮扳手拆卸高压配电盒正负母排线束螺栓，如图 5-2-16 所示。

（a）高压配电盒正极母排

（b）高压配电盒负极母排

图 5-2-16 高压配电盒

（6）如图 5-2-17 所示，拆下高压转接器总成。

（7）拆卸高压配电盒固定螺栓后拆下高压配电盒，如图 5-2-18 所示。

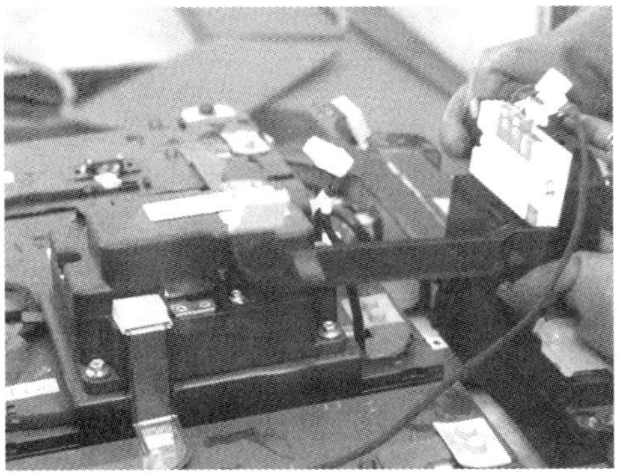

图 5-2-17　拆下高压转接器总成

图 5-2-18　取下高压配电盒

（8）拆卸维修开关。使用高压绝缘套筒、绝缘棘轮扳手拆卸维修开关高压线束螺栓，拆下维修开关，如图 5-2-19 所示。

（a）拆卸维修开关螺栓

（b）拆下维修开关底座

图 5-2-19　拆卸维修开关

（9）拆下相关故障电池模组安装的电压温度传感器及采集线路，如图 5-2-20 所示。

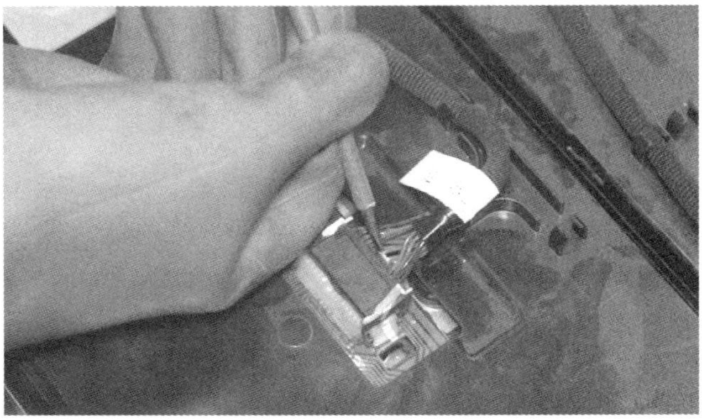

图 5-2-20　拆卸信息采集器（电压温度传感器）

（10）取下相应电池模块正负极绝缘罩盖，按对角线原则拆下电池模组固定螺栓及相邻模组固定螺栓，拆下连接母线，如图 5-2-21 所示。

（a）连接母排固定螺栓拆卸

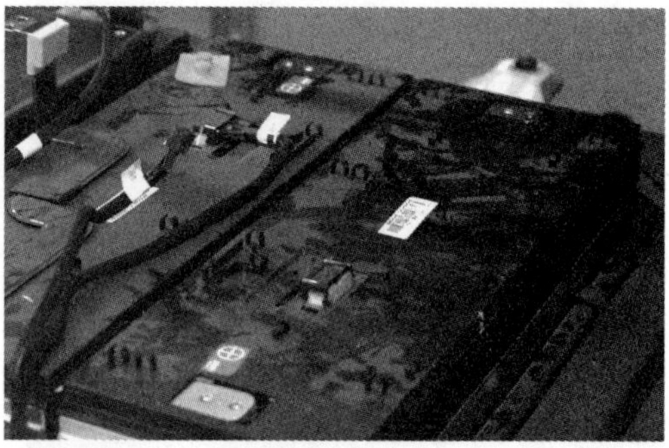

（b）连接母排拆卸

图 5-2-21　拆卸连接母线

（11）取下相关故障电池模组并进行检查，如图 5-2-22 所示。

（12）将更换电芯后的电池模组的信息采集线装复，如图 5-2-23 所示。

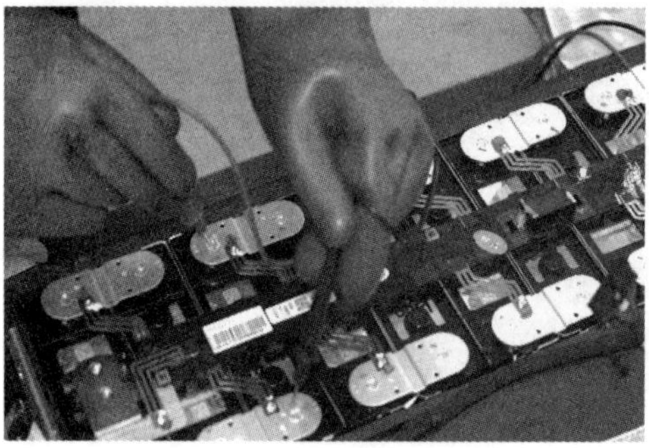

图 5-2-22　检查模组单体电压

图 5-2-23　装复采集线插头

（13）使用万用表电阻挡对维修开关内部互锁线路进行检查，如图 5-2-24 所示。使用绝缘电阻仪对维修开关高压母线绝缘性进行检测，如图 5-2-25 所示。

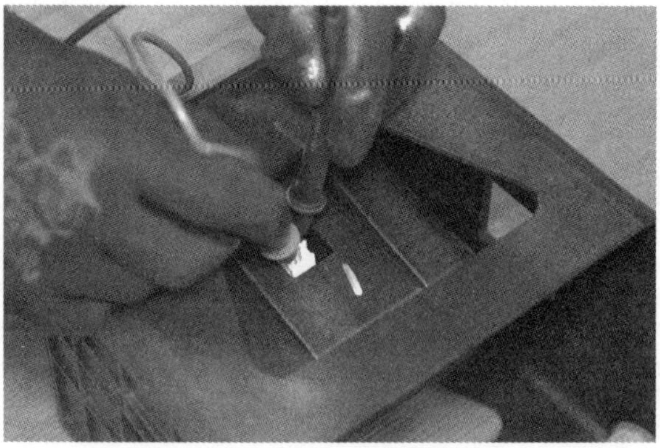

图 5-2-24　维修开关内部互锁

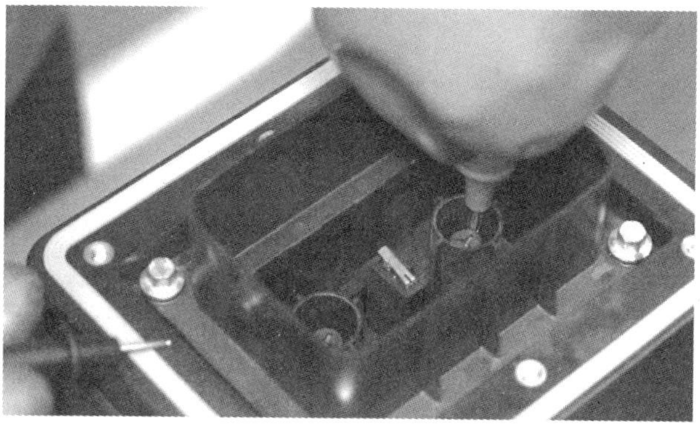

图 5-2-25　维修开关绝缘检测

（14）使用万用表电阻挡对电池包转接底座内部互锁线路逐段进行检查，如图 5-2-26 ~ 图 5-2-28 所示。

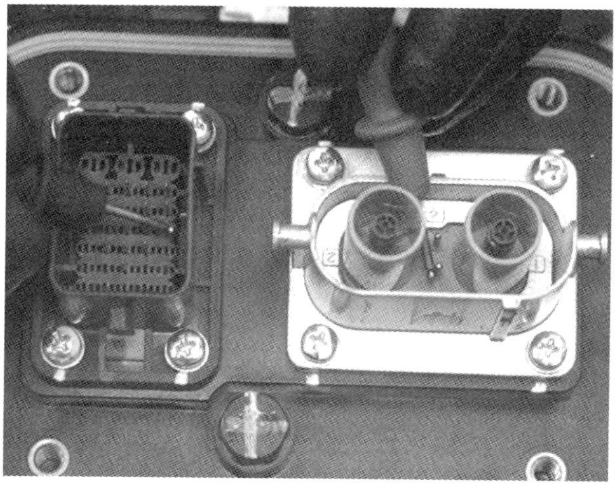

图 5-2-26　电池包母线与低压互锁线路检测

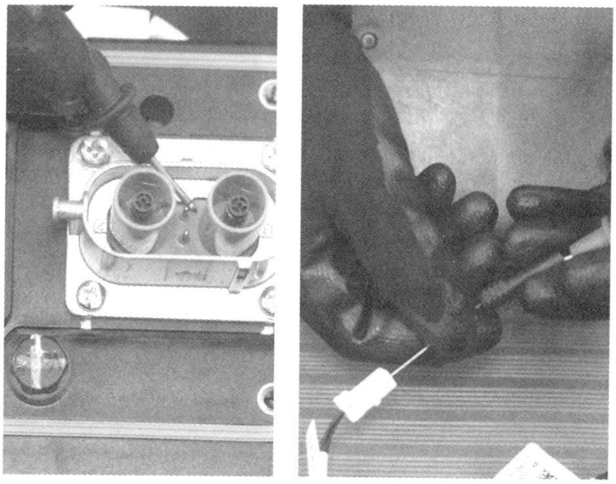

图 5-2-27　电池包互锁与转换器互锁线路检测

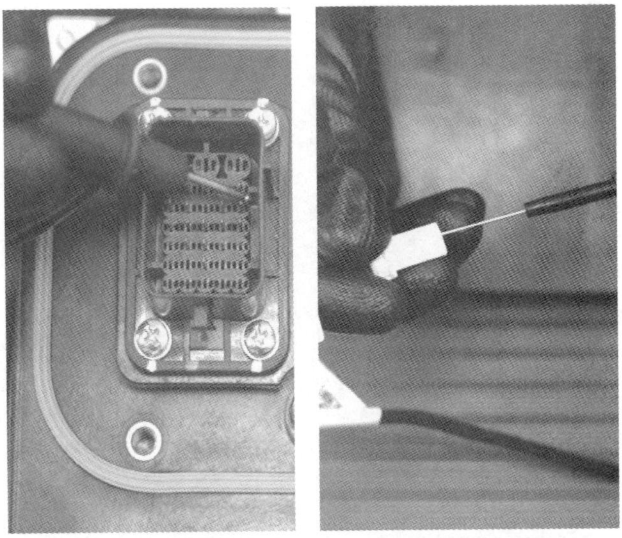

图 5-2-28　电池包低压插头与转换器互锁线路检测

（15）使用棘轮扳手配合套筒拆卸高压配电盒盖紧固螺栓，使用万用表电阻挡对内部预充电阻、正负接触器、预充接触器进行检查，如图 5-2-29 ~ 图 5-2-32 所示。

使用万用表电阻挡测试，标准预充接触器线圈电阻为 45 Ω左右，正负接触器线圈电阻为 25 Ω左右，预充电阻为 120 Ω左右，接触器触点电路电阻的正常值为无穷大。

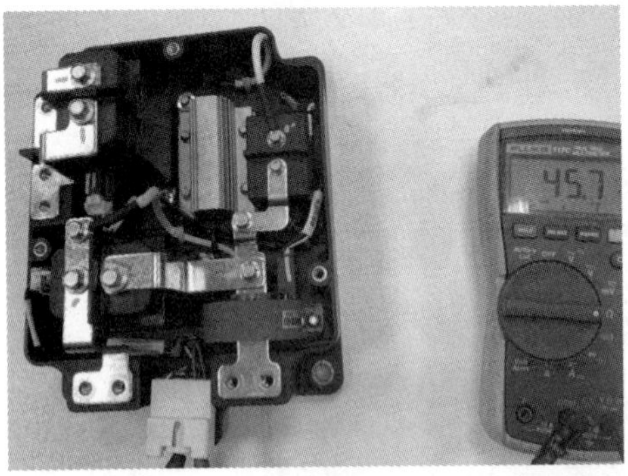

图 5-2-29　预充接触器线圈电阻检测

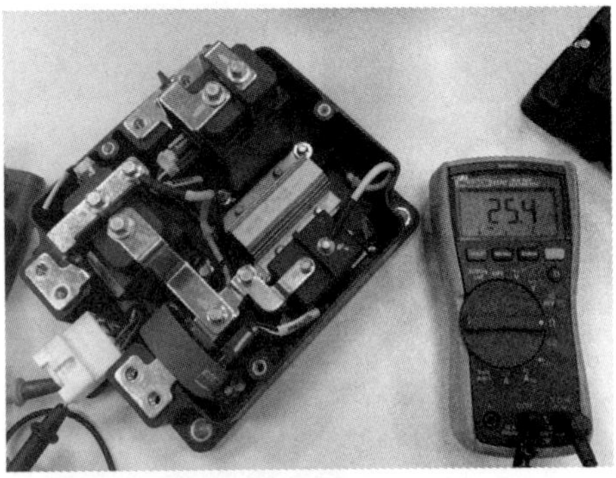

图 5-2-30　正负接触器线圈电阻检测

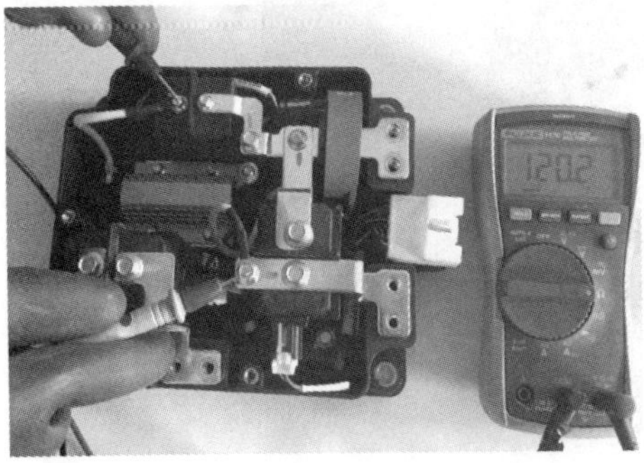

图 5-2-31　预充电阻阻值检测

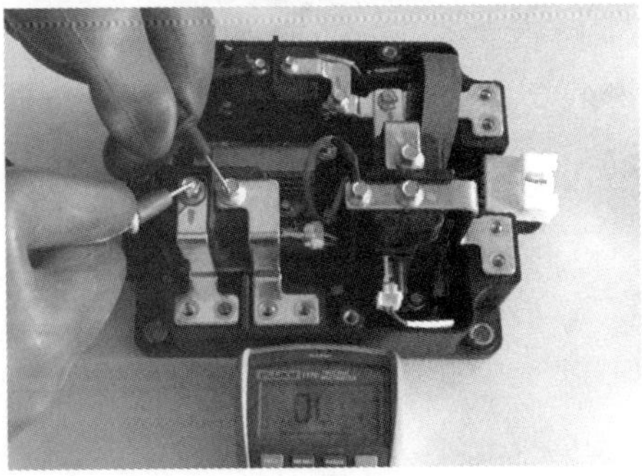

图 5-2-32　接触器触点电路阻值检测

（16）使用高压绝缘套筒、绝缘棘轮扳手紧固相应部件固定螺栓，依次安装维修开关、高压配电盒、高压转换底座，如图 5-2-33 ~ 图 5-2-35 所示。

图 5-2-33　安装维修开关

图 5-2-34　安装高压配电盒

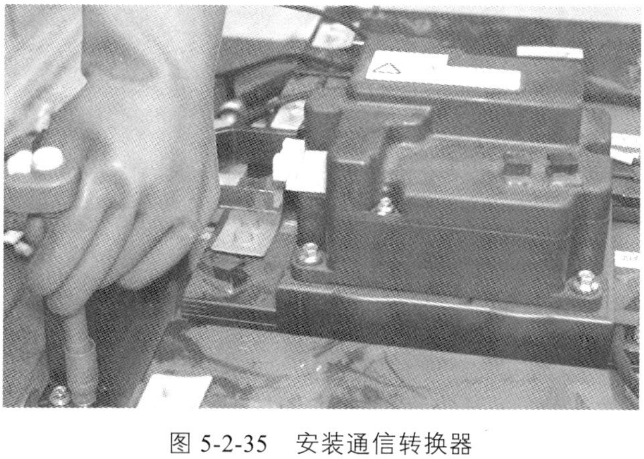

图 5-2-35　安装通信转换器

（17）使用高压绝缘套筒、绝缘棘轮扳手检查并紧固动力电池串联母排连接螺栓，确认串联母排安装情况良好。使用高压绝缘套筒、绝缘棘轮扳手检查并紧固动力电池串联模块固定螺栓，确认动力电池模组安装情况良好。

3）动力电池包扣盖密封流程与规范

（1）组装动力电池总成，针对盖板与箱体边缘涂打密封胶进行密封处理。密封过程中胶枪与密封胶应配合使用，如图 5-2-36 所示。

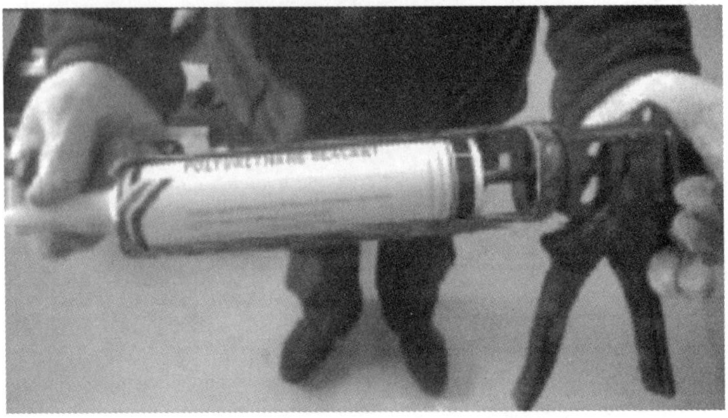

图 5-2-36　电池保护盖密封胶

（2）两人前后配合，匀速盖上动力蓄电池包上盖板，如图 5-2-37 所示。

图 5-2-37　安装动力蓄电池保护盖

（3）检查盖板无明显突起、翘边，位置与箱体呈平行状态。

4）动力电池的复检

（1）将动力蓄电池按安装操作流程装复车辆并连接相应线束插头。

（2）连接车辆专用故障诊断仪并启动车辆，显示无故障及故障码，如图 5-2-38 所示。

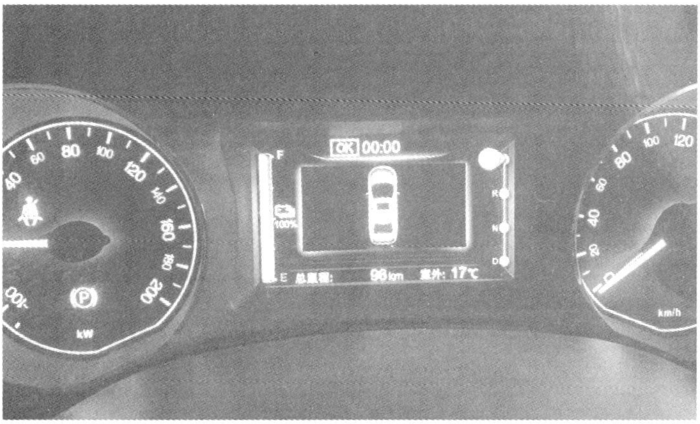

图 5-2-38　仪表显示正常

（3）整理车辆、工位，依据 6S 规范整理场地。

三、评价与反馈

考核项目	评分标准	分数	学生自评	小组互评	教师评价	小计
团队合作	是否和谐	5				
活动参与	是否积极主动	5				
安全操作	有无安全隐患	10				
现场 6S	是否做到	10				
任务方案	是否正确合理	15				
操作过程	按操作步骤完成并完成相关内容填写	30				
课题完成情况	是否圆满完成	5				
工具和设备使用	是否规范标准	10				
劳动纪律	是否严格遵守	5				
工单填写	是否完整规范	5				
总分		100				
教师签名				得分		

任务练习

1. 三元锂电池与磷酸铁锂电池的区别有哪些？
2. 简述动力蓄电池模组的拆装步骤。

项目 6 电动汽车充电系统认识

概　述

电动汽车充电一直是大家公认的难题，本项目主要介绍了电动汽车充电系统，让大家对其有个大致的了解。

在中国，电动汽车充电站的发展是必然的，抢占先机也是企业的制胜之道。在目前的情况下，虽有国家大力倡导，各企业也跃跃欲试，但电动汽车走入寻常百姓家还不是短期内容易做到的。国家可以给政策（购车补偿、上路等），而电动汽车充电站网则无法短期建成，主要原因是给电动汽车快速充电需要瞬时的大功率电力，常规电网无法满足，必须建专用充电网络，这涉及整个国家电网改造，国家电网大改造不是小事，耗资巨大，从讨论、立项到成网，非一朝一夕能实现。

能较好解决快速充电问题的方案是换电站，利用给汽车更换电池的方法代替漫长的充电过程。一辆汽车需要配备两块电池，当一块电池用完后自动切换到另一块，此时可到换电站将用完的电池换下，装上满电的电池。而换下的电池由电站统一充电和维护，前提是充电站要有相当数量的备用电池。这个方法优点是快速，用户换完电池就可以上路，比加油都快。用这种方法再加上停车场充电桩等辅助手段，相信电动汽车的普及近在眼前。

学习任务 6.1　电动汽车充电系统

学习目标

1. 了解电动汽车车载充电系统结构及工作原理。
2. 了解交流充电桩结构及工作原理。
3. 了解直流充电桩结构及工作原理。
4. 掌握电动汽车充电基本操作。

一、车载充电系统

电动汽车车载充电系统由动力电池组件、车载充电器、高压配电单元、快充口（直流）、慢充口（交流）、电池冷却系统等组成，如图 6-1-1 所示。

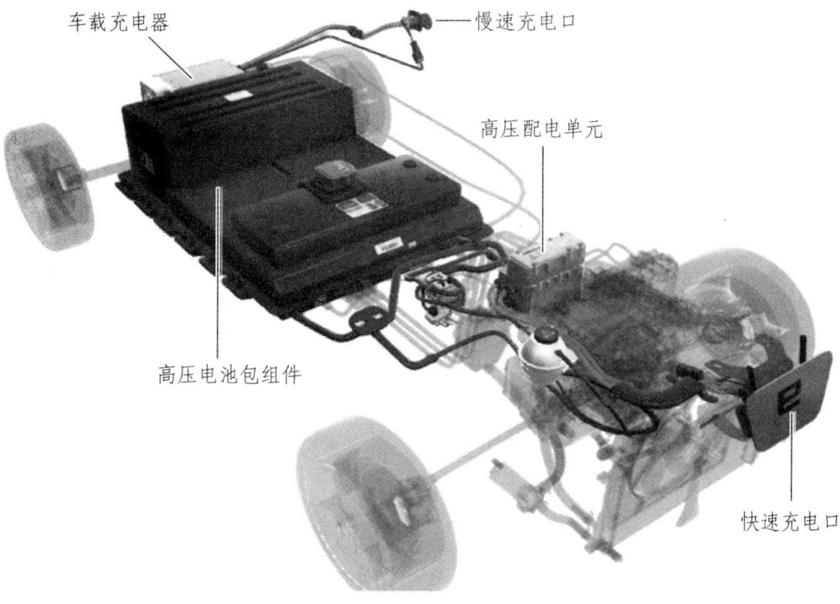

图 6-1-1　电动汽车车载充电系统

（一）充电系统控制设计

电动汽车充电系统如图 6-1-2 所示。

具体设计架构:

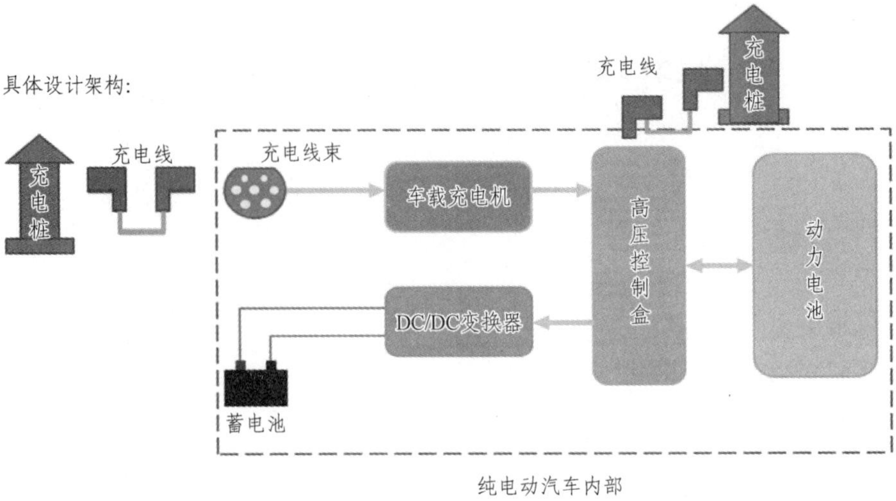

图 6-1-2　电动汽车充电系统

（二）车载充电机

车载充电机的主要功能是将 AC 220 V 转换为高压直流电 DC 320 V 给动力电池进行充电。图 6-1-3 所示为北汽 EV160 车载充电器。车载充电机同时提供过压、欠压、过流、欠流等多种保护措施，当充电系统出现异常会及时切断供电。

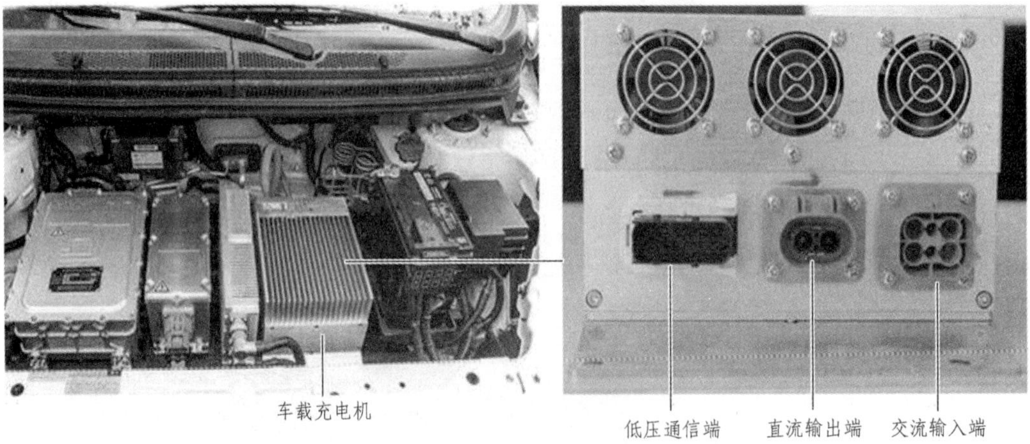

图 6-1-3　车载充电机

（三）高压控制盒

高压控制盒主要用于对动力电池中储存的电能进行输出及分配，实现对支路用电器件的切断和保护。高压控制盒共有 5 处接线口，分别连接快充、动力电池、电机控制器和其他高压接插件。图 6-1-4 所示为北汽 EV160 高压控制盒。

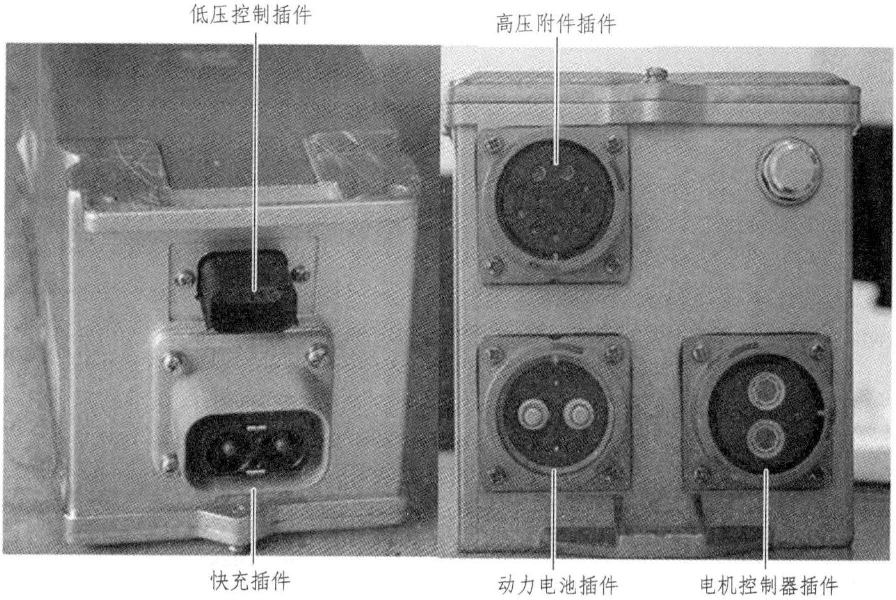

图 6-1-4　高压控制盒

（四）DC/DC 变换器

DC/DC 变换器主要作用是完成 DC 320 V 转换成 DC 14 V，向低压蓄电池及全车低压用电设备供电（见图 6-1-5）；共有 4 处接线口，分别为低压输出负极、低压输出正极、低压控制端、高压输入端。

图 6-1-5　DC/DC 变换器

（五）动力电池

动力电池系统主要由动力电池模组、电池管理系统、动力电池箱及辅助元器件等四部分组成，如图 6-1-6 所示。

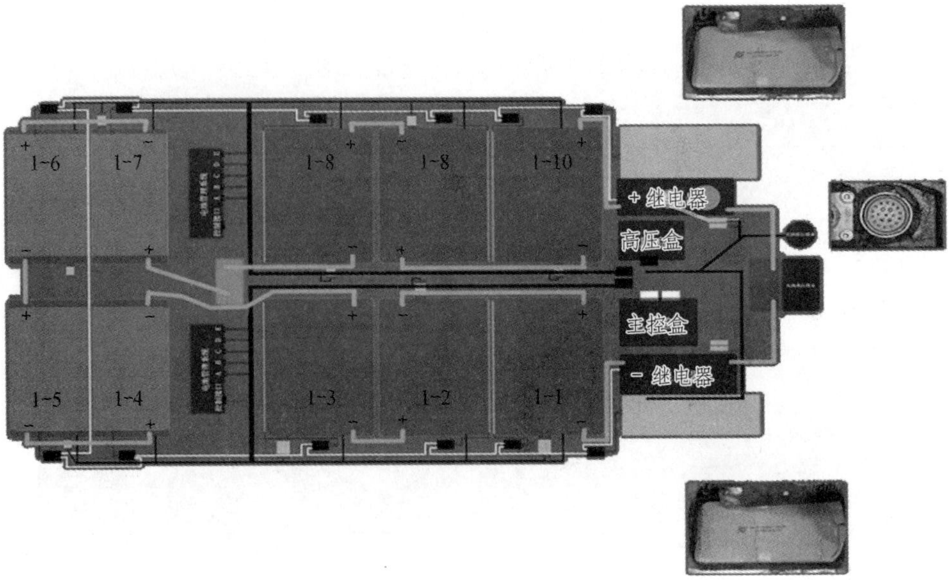

图 6-1-6　动力电池

1. 动力电池模组

电池单体：构成动力电池模块的最小单元，一般由正极、负极、电解质及外壳等构成，实现电能与化学能之间的直接转换，如图 6-1-7 所示。

电池模块：一组并联的电池单体的组合，该组合额定电压与电池单体的额定电压相等，是电池单体在物理结构和电路上连接起来的最小分组，可作为一个单元替换。

模组：由多个电池模块或单体电芯串联组成的一个组合体。

图 6-1-7　动力电池单体与电池模组

2. 北汽 EV160 动力电池技术参数

EV160 动力电池系统的单体电芯电压范围为 2.5 ~ 3.7 V，动力电池系统的总电压工作范围为：255 ~ 372 V（详细参数见表 6-1-1）。

动力电池系统的额定电压 = 单体电芯额定电压 × 单体电芯串联数；

动力电池系统的容量 = 单体电芯容量 × 单体电芯并联数量；

动力电池系统总能量 = 动力电池系统的额定电压 × 动力电池系统容量。

表 6-1-1

项目	零部件号	额定电压	电芯容量	额定能量	总质量	工作电压范围	能量密度
参数	E00008217	320 V	66 A · h	25.6 kW · h	278 kg	220 ~ 400 V	76 W · h/kg

动力电池充电分为快充、慢充和制动能量回收三种方式。采用车载充电机充电，充电温度与充电电流要求如表 6-1-2 所示。

表 6-1-2

温度/°C	<0	0 ~ 55	>55
可充电电流/A	0	10	0
备注	当电芯最高电压高于 3.6 V 时，充电电流降低到 5 A；当电芯电压达到 3.70 V 时，充电电流为 0 A，请求停止充电。 • 加热过程中，充电桩电流显示为 4 ~ 6 A • 充电过程中充电桩电流显示为 12 ~ 13 A		

快充采用地面充电机充电，充电温度与充电电流要求如表 6-1-3 所示。

表 6-1-3

温度/°C	<5	5 ~ 15	15 ~ 45	>45
可充电电流/A	0	20	50	0
备注	恒流充电至 343/3.5 V 以后就转为恒压充电模式			

快充中，电流显示值为 13.2 ~ 46.2 A，快充充电的电流受动力电池内部温度影响而变化。

快充和慢充的流程：采用恒流-恒压充电方法，以恒定电流充电至动力电池组总电压达到或最高单体电压达到此温度条件下的规定电压值，以恒定电压充电至电流小于 0.8 A 后停止充电。在充电过程中，如果单体压差大于 300 mV，则停止充电，报充电故障。

可接受最大回馈电压要求：动力电池可以承受由电机产生的最大 365 V 的感应电动势。制动能量回收的要求如表 6-1-4、表 6-1-5 所示。

表 6-1-4　动力电池可以接受的脉冲回馈电流和持续时间

温度/°C	<0	0 ~ 10	10 ~ 45	45 ~ 55	>55
电流/A	0	40	120	40	0
持续时间/s	0	15	15	15	0

表 6-1-5　动力电池可以接受的最大持续回馈电流

温度/°C	<0	0 ~ 10	10 ~ 45	45 ~ 55	>55
电流/A	0	10	80	24	0

（六）动力电池高压系统工作原理

动力电池的高压电路承载动力电池组电能的输入和输出，主要有上电和充电两种工作模式，如图 6-1-8 所示。

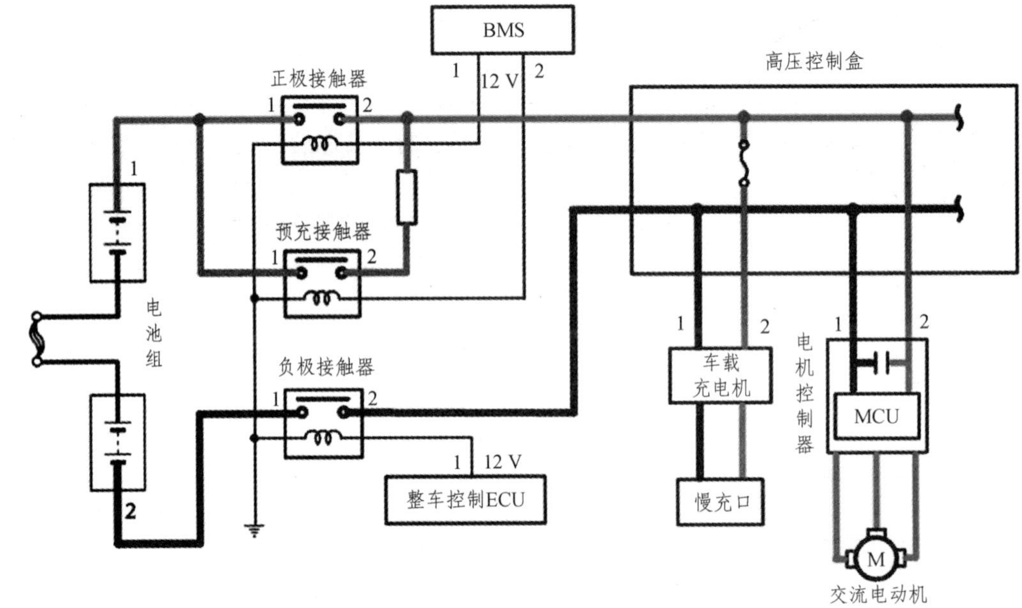

图 6-1-8　动力电池高压系统工作原理

1. 上电过程

钥匙 ON 挡，BMS、MCU 当前状态正常、且不满足整车充电条件，车辆即开始接通高压电路。

（1）BMS、MCU（电机控制器）初始化完成，整车控制 ECU 检查 BMS 反馈电池继电器状态；BMS 正极接触器处于断开状态，整车控制 ECU 执行闭合负极接触器。

（2）整车控制 ECU 执行闭合其他高压系统继电器（空调系统高压继电器）；整车控制器发送 BMS 上电指令，进行预充电操作。

（3）整车控制器发送 BMS 上电指令，进行预充电操作。

（4）电池反馈预充电完成，BMS 连接正极接触器。

2. 充电过程

（1）充电口连接到充电枪后，有充电唤醒信号给整车控制 ECU、BMS。

（2）整车控制 ECU 检测到充电门板信号，判断进入充电模式。

（3）进入充电模式后，整车控制 ECU 发允许充电指令，并闭合负极接触器。

（4）BMS 闭合正极接触器与充电机/充电桩建立充电连接，开始充电。

图 6-1-9 所示为 EV200 电机控制系统的工作电路图。当点火开关关闭后，整车控制器通过 CAN 线将挡位、油门和刹车等信号发送给电机控制器 MCU，MCU 根据这些信号控制电机正转、反转或发电实现车辆的正常行驶。

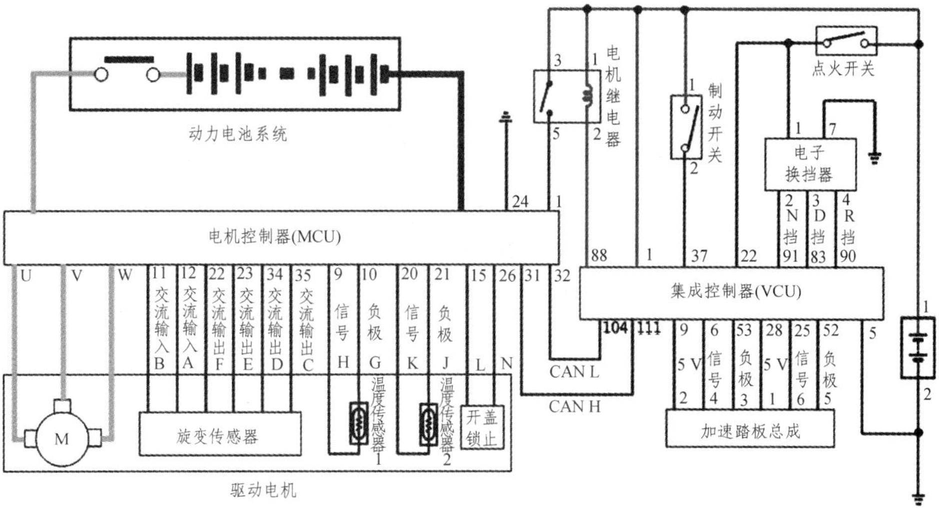

图 6-1-9 电机控制系统的工作电路

（七）充电端口

1. 快充（直流）充电接口

快充（直流）充电接口参数值：额定电压 750 V，额定电流 125 A、250 A，其外形及接口定义如图 6-1-10 所示。

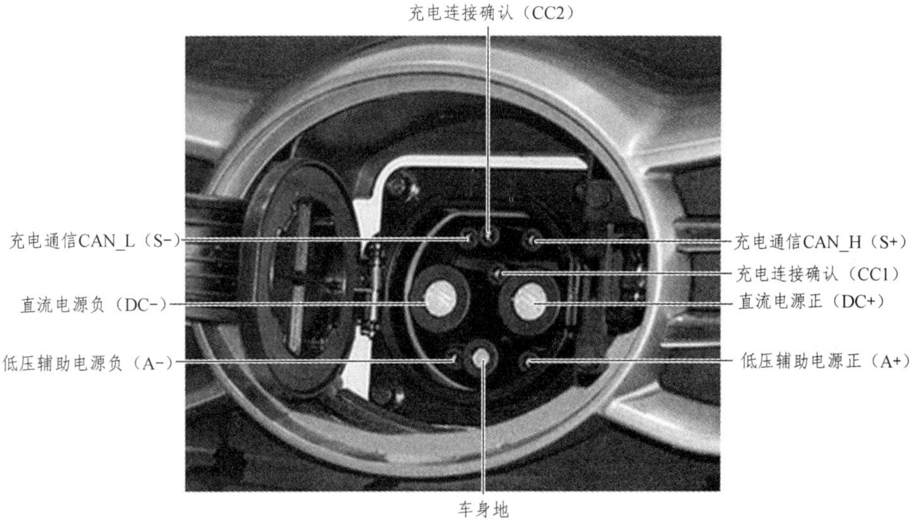

图 6-1-10 快充（直流）充电接口

2. 慢充（交流）充电接口

慢充（交流）充电接口参数值：额定电压 250 V，额定电流 16 A、32 A，其外形及接口定义如图 6-1-11 所示。

图 6-1-11　慢充（交流）充电接口

二、充电桩

充电桩的功能类似于加油站里面的加油机，可以固定在地面或墙上，安装于公共建筑（公共楼宇、商场、公共停车场等）和居民小区停车场或充电站内，根据不同的电压等级为各种型号的电动汽车充电。充电桩的输入端与交流电网直接连接，输出端装有充电插头用于为电动汽车充电。充电桩一般提供常规充电和快速充电两种充电方式，人们可以使用特定的充电卡在充电桩提供的人机交互操作界面上刷卡，进行相应的充电方式、充电时间、费用数据打印等操作，充电桩显示屏能显示充电量、费用、充电时间等数据。

（一）交流充电桩

交流充电桩是一种把电动汽车直接连接到交流电网（电源）测的专用设备，并且安装了控制导引装置保证充电桩和电动汽车之间可靠连接及充电安全。同时，也集成了人机交互系统、收费管理系统、本地和远程通信接口等功能模块，方便人们对于该专用设备的使用和管理。接收到交流充电桩提供的交流电能后，电动汽车内置的充电机把交流电能转换为直流电能，并提供给电动汽车蓄电池组从而最终实现电动汽车的能量补给。图 6-1-12 所示为交流充电桩（左边为壁挂式、右边为落地式）的外观。

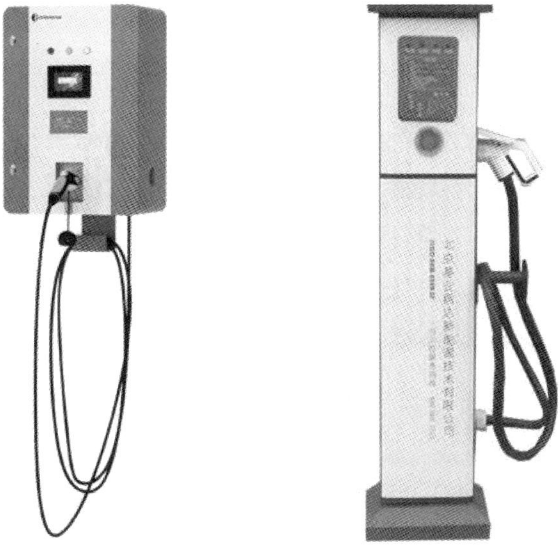

图 6-1-12　交流充电桩

1. 交流充电桩工作原理

交流充电桩的工作原理：在确认与电动汽车的连接状态和可提供的最大工作电流参数后，向车载充电机提供交流电，在确认充满电后，断开交流电；在充电期间，实现电能计量和安全监测等；充电结束后，实现电费结算和数据记录等。图 6-1-13 所示为交流充电桩电气原理示意图。

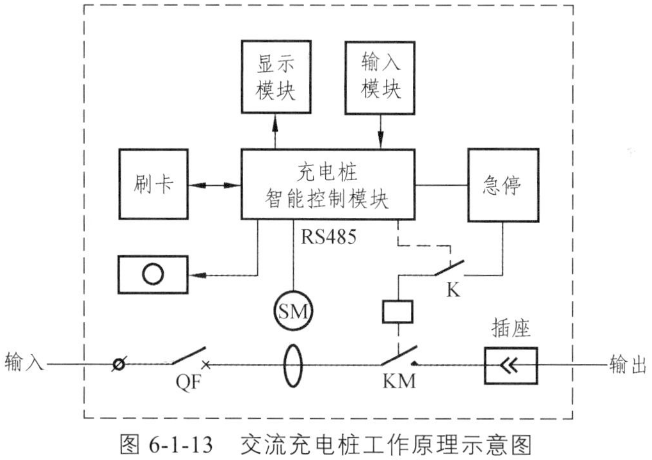

图 6-1-13　交流充电桩工作原理示意图

2. 交流充电桩工作过程

当刷卡设置好交流充电桩后，充电枪插到电动汽车充电座上后，充电枪端口中的引线控制线 CP 从 9 V 电平切换 PWM 波时，车辆的 OBC 或者 VCU 需要能够从休眠中醒过来，车载充机就会接收到 AC 220 V 交流电源将其变换成直流为动力电池充电。图 6-1-14 所示为 CP 引导控制信号的工作过程。

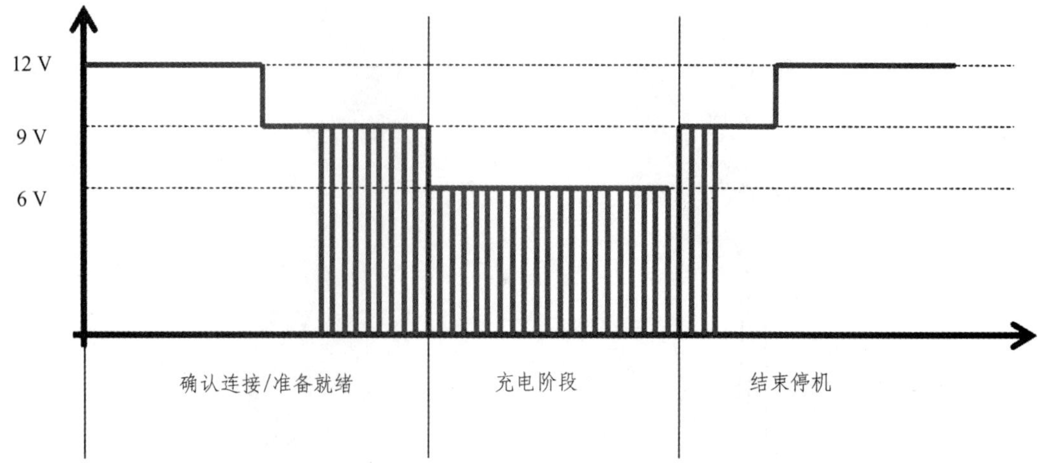

图 6-1-14　CP 引导控制信号的工作过程

（二）直流充电桩

直流充电桩是一种把电动汽车直接连接到交流/直流电网（电源）侧的专用直流设备，并安装了控制导引装置保证充电桩和电动汽车之间的可靠连接及充电安全等。同时也集成了人机交互系统、收费管理系统、本地和远程通信接口等功能模块，以便于人们对该专用设备的使用和管理。图 6-1-15 所示为直流充电桩的外观。

直流充电桩把直流电能提供给电动汽车蓄电池组，在车载 BMS 系统的管理下，最终实现对电动汽车的能量补给。

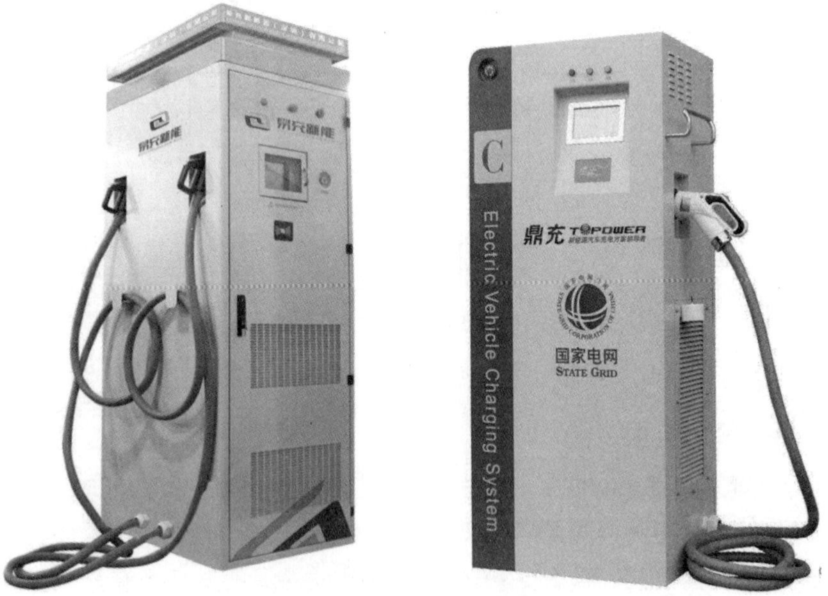

图 6-1-15　直流充电桩

1. 直流充电桩工作原理

直流充电桩基本构成包括：功率单元、控制单元、计量单元、充电接口、供电接口及人机交互界面等。功率单元是指直流充电模块，控制单元是指充电桩控制器。直流充电桩本身作为一种系统集成产品，除了“直流充电模块”和“充电桩控制器”这两个组件构成了技术核心之外，结构设计也是整桩可靠性设计的关键点之一。图 6-1-16 所示为直流充电桩原理示意图。

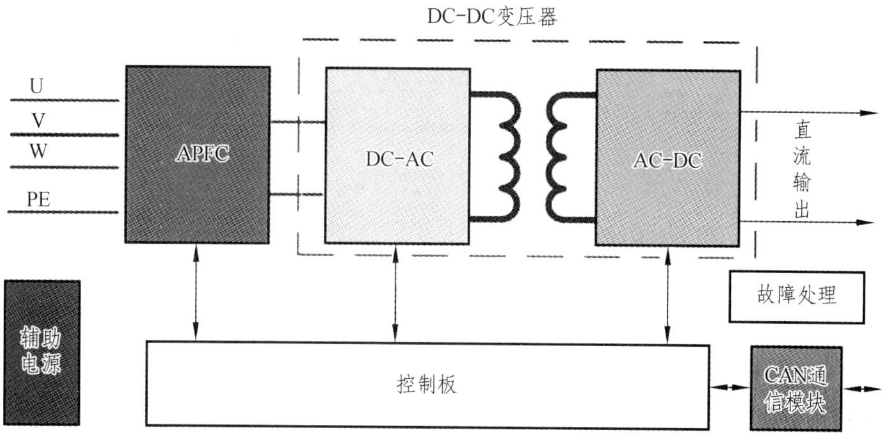

图 6-1-16　直流充电桩原理示意

直流充电桩的电气部分由主回路和二次回路组成。主回路的输入是三相交流电，经过输入断路器、交流智能电能表之后由充电模块（整流模块）将三相交流电转换为电池可以接受的直流电，再连接熔断器和充电枪，给电动汽车充电。二次回路由充电桩控制器、读卡器、显示屏、直流电表等组成。二次回路还提供“启停”控制与“急停”操作；信号灯提供“待机”“充电”与“充满”状态指示；显示屏作为人机交互设备则提供刷卡、充电方式设置与启停控制操作。

2. 直流充电桩工作过程

充电的基本过程：在电池两端加载直流电压，以恒定大电流对电池充电，电池的电压渐渐地缓慢地上升，上升到一定程度，电池电压达到标称值，SOC 达到 95%（不同电池这个值可能不一样）以上，继续以恒压小电流对电池充电。如果电压上去了，但电量没有充满，则是没有“充实”，如果有时间，可以改用小电流“充实”。为了实现这个充电过程，充电桩在功能上就需要有“直流充电模块”提供直流电源；需要有“充电桩控制器”控制充电模块的“开机、关机、输出电压、输出电流”；需要有“触摸屏”作为人机界面下发指令，通过控制器将“开机、关机、输出电压、输出电流”等指令下发给充电模块。从电气层面理解，最简充电桩只要有充电模块、控制板和触摸屏就可以了；如果开机、关机和输出电压、输出电流等指令在充电模块上做成几个键盘，那么一个充电模块就可以对电池充电了。图 6-1-17 所示为直流充电桩原理图。

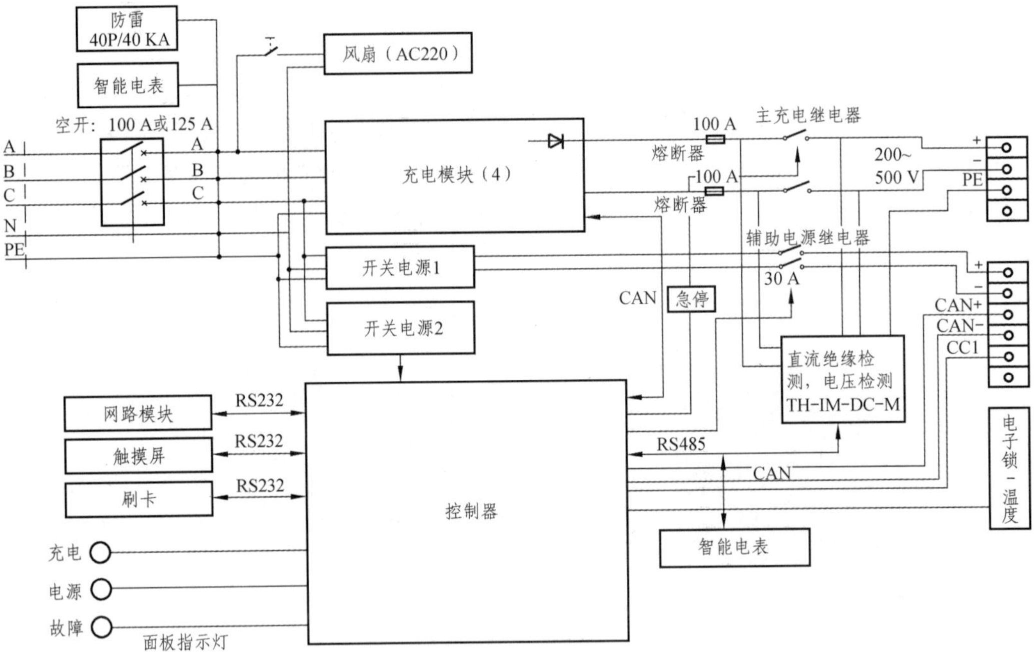

图 6-1-17　直流充电桩原理

3. 直流充电桩的特点

（1）单个的充电模块目前功率为 15 kW 左右，不能满足要求，需要多个充电模块并联在一起工作，需要有 CAN 总线来实现多个模块的均流。

（2）充电模块的输入来自电网，是大功率供电，涉及电网和人身安全，特别是人身安全，需要在输入端安装空气开关（学名是“塑壳断路器”）、防雷开关甚至漏电开关。

（3）充电桩的输出是高压、大电流，电池是电化学品，容易爆炸，要防止误操作引起的安全问题，输出要有熔断器。

（4）安全问题具有最高优先级，除了输入端所需的措施外，机械锁和电子锁、绝缘检测、泄放电阻也是必需。

（5）电池是否接受充电不是由充电桩决定的，是由电池的大脑——BMS 决定的。BMS 下发“是否允许充电，是否终止充电，可以接受多大电压，多大电流充电”的指令给控制器，控制器再下发给充电模块。因此，需要有实现控制器和 BMS 之间的 CAN 通信、控制器和充电模块之间的 CAN 通信。

（6）充电桩还要接受监控管理，控制器需要通过 WiFi 或 3G/4G 等网络通信模块和后台连接。

（7）充电不是免费的，需要安装电表，需要读卡器实现计费功能。

（8）充电桩壳体上需要有一目了然的指示灯，通常是三个指示灯，分别表示充电、故障和电源。

（9）直流充电桩的风道设计是关键。风道设计除了结构设计外，还需要在充电桩里面安装风扇，即使每个充电模块里面都有风扇。

实训项目 6.1　电动汽车充电操作

一、工作准备

（1）实习指导教师着装：正常着装。

（2）电动汽车、交流充电桩。

（3）专用工具、设备：无。

（4）手工工具：无。

（5）辅助材料：实训指导书/工单。

二、实施步骤

1. 第一步：连接充电枪

找到电动汽车充电接口，然后将充电枪上的插头（和加油枪差不多）连接到电动汽车充电接口上，这里需要注意连接前请确认接口内无积水，并一定要插严实（见图 6-1-18）。

图 6-1-18　连接充电枪

2. 第二步：点击开始充电

确保充电桩与电动汽车连接成功后，点击屏幕上的开始充电按钮（见图 6-1-19）。

图 6-1-19　开始充电

3. 第三步：选择充电方式

根据使用者的不同需求，选择适合的充电方式并点击屏幕上的对应按钮，建议选择自动充满方式（见图 6-1-20）。

图 6-1-20　选择充电方式

4. 第四步：刷卡开始充电

将磁卡放置在感应区域，系统会自动读取卡内数据，并启动充电程序开始充电，充电过程中，请保证电动汽车与充电桩连接正常，不要触碰拔插充电枪（图 6-1-21）。

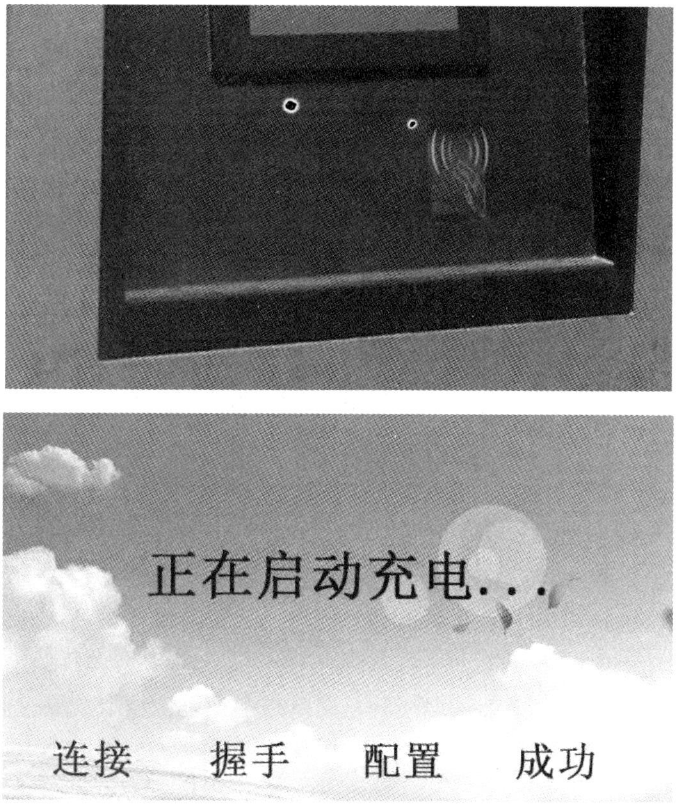

图 6-1-21　开始充电

5. 第五步：充电完成刷卡结账

充电完成后，点击结束充电按钮，刷卡完成消费结算，充电程序关闭并取回充电枪（见图 6-1-22）。

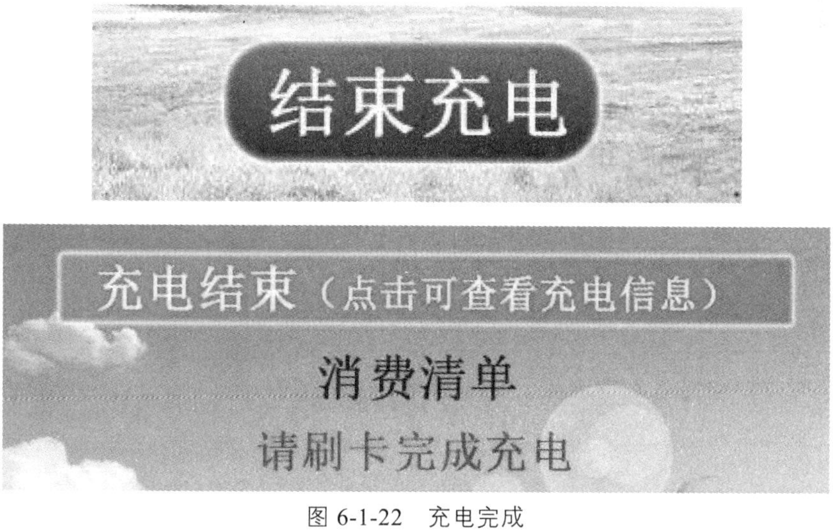

图 6-1-22　充电完成

三、常见问题

（1）若充电过程中，电动汽车或充电桩出现明火、异常气味或冒烟等突发情况，请立即按下（某些型号的充电桩为旋转操作）充电桩上的红色“急停开关”（见图 6-1-23）。

图 6-1-23 急停开关

（2）若发生电动汽车无法启动充电的情况，请检查电动汽车是否为国标充电插口并检查电动汽车是否提示故障，若有故障请咨询电动汽车经销商，若无问题请重新拔插充电枪再次尝试启动充电。

（3）如果充电磁卡未完成结算即离开，充电桩会在下次读取此磁卡时，先行按照上次未结算金额进行结算，结算完毕后才可继续使用此磁卡进行正常充电操作，为避免经济损失，充电结束后请务必刷卡结算。

四、评价与反馈

考核项目	评分标准	分数	学生自评	小组互评	教师评价	小计
团队合作	是否和谐	5				
活动参与	是否积极主动	5				
安全操作	有无安全隐患	10				
现场 6S	是否做到	10				
任务方案	是否正确合理	15				
操作过程	操作项目完成情况、结果分析	30				
课题完成情况	是否圆满完成	5				
工具和设备使用	是否规范标准	10				
劳动纪律	是否严格遵守	5				
工单填写	是否完整规范	5				
总分		100				
教师签名			得分			

任务练习

一、单选题

1. 电动汽车载充电系统由动力电池组件、(　　)、高压配电单元、快充口（直流）、慢充口（交流）、电池冷却系统等组成。

A. 直流充电桩　　B. 车载充电器

C. 交流充电桩　　D. 蓄电池

2. 车载充电机主要功能是将 AC 220 V 转换为（　　）给动力电池进行充电。

A. 低压直流　　B. 低压交流

C. 高压直流　　D. 高压交流

3. 电动汽车上的 DC/DC 变换器是将什么电变成什么电？（　　）

A. 高压直流变成低压 14 V 直流　　B. 高压直流变成高压 300 V 直流

C. 低压直流变成低压 14 V 直流　　D. 低压直流变成高压 300 V 直流

4. E160 动力电池系统的单体电芯电压范围为（　　）。

A. 1.5 ~ 3.7 V　　B. 2.5 ~ 4.2 V

C. 2.1 ~ 4.2 V　　D. 2.5 ~ 3.7 V

5. E160 动力电池系统的总电压工作范围为（　　）。

A. 200 ~ 330 V　　B. 255 ~ 330 V

C. 255 ~ 372 V　　D. 255 ~ 400 V

二、简答题

1. 简述动力电池高压系统工作原理。
2. 电动汽车载充电系统由哪些部分组成？
3. 快充（直流）充电接口中有哪些引脚？写出各引脚的名称。
4. 慢充（交流）充电接口中有哪些引脚？写出各引脚的名称。
5. 简述直流充电桩工作过程。

参考文献

[1] 王震坡，孙逢春. 电动车辆动力电池系统及应用技术[M]. 北京：机械工业出版社，2012.

[2] 王芳，夏军. 电动汽车动力电池系统安全分析与设计[M]. 北京：科学出版社，2016.

[3] 龚华生. 电池使用与维修指南[M]. 北京：机械工业出版社，2011.

[4] 李正国. 电动汽车整车故障诊断与分析[M]. 北京：清华大学出版社，2019.

[5] 杨雪佳. 电动汽车充电桩运营模式研究[J]. 科学资讯，2016（9）：81，83.